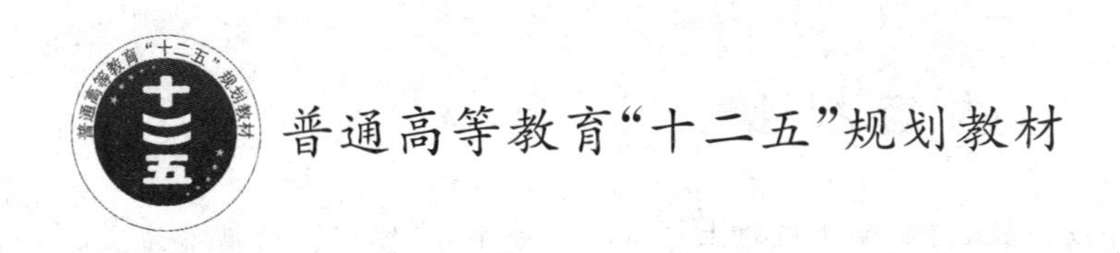

Visual FoxPro 程序设计实验指导与习题

主 编 胡凌燕

副主编 涂 英 向 华

李 曼 刘 征

北京邮电大学出版社

·北京·

内 容 提 要

本书是与《Visual FoxPro 程序设计教程》配套使用的上机实验指导书，内容以实验操作为主，重点培养学生的实际动手能力，并帮助学生加深对课程内容的理解。

全书分为实验指导、习题集、综合测试题和参考答案四大部分。在实验指导部分围绕教学内容，精心设计了 18 个实验，每个实验都给出了实验目的和实验内容，其中实验内容又包括实验示例、实验操作及实验思考等部分。通过每个实验，使学生能够明确需要掌握的知识点和操作方法，重点培养学生的实际动手能力。在习题集中，按照大纲所要求的内容精选了大量的习题，这些习题能突出本课程的重点和难点，以帮助学生对知识和技能有所巩固与提高。综合测试题让学生全面地检验自己对本课程的学习掌握情况，根据需要对知识结构的薄弱环节进行强化。习题集和综合测试题都配有参考答案，以便学生自行检查对知识的掌握程度。

本书可以作为各类高等学校非计算机专业学生学习“Visual FoxPro 程序设计”课程的实验教学用书，也可作为广大计算机爱好者学习数据库程序设计的参考用书。

图书在版编目(CIP)数据

Visual FoxPro 程序设计实验指导与习题/胡凌燕主编. -- 北京：北京邮电大学出版社，2016.1
ISBN 978-7-5635-4573-5

Ⅰ.①V… Ⅱ.①胡… Ⅲ.①关系数据库系统—程序设计—高等学校—教学参考资料 Ⅳ.①TP311.138

中国版本图书馆 CIP 数据核字(2015)第 266050 号

书　　名 Visual FoxPro 程序设计实验指导与习题
主　　编 胡凌燕
责任编辑 向　蕾
出版发行 北京邮电大学出版社
社　　址 北京市海淀区西土城路 10 号(100876)
电话传真 010-82333010　62282185(发行部)　010-82333009　62283578(传真)
网　　址 www3.buptpress.com
电子信箱 ctrd@buptpress.com
经　　销 各地新华书店
印　　刷 北京泽宇印刷有限公司
开　　本 787 mm×1 092 mm　1/16
印　　张 13
字　　数 323 千字
版　　次 2016 年 1 月第 1 版　2016 年 1 月第 1 次印刷

ISBN 978-7-5635-4573-5　　　定　价：28.00 元

前　言

数据库技术已经渗透到人们生活和工作的方方面面，而“Visual FoxPro 程序设计”是教育部高教司组织制订的高校文科类专业《大学计算机教学基本要求》中规定的必修课程，也可供理工科学生选修。“Visual FoxPro 程序设计”是一门“可视化的界面设计＋过程化的程序代码设计”课程，正受着越来越多的人士的青睐。

该课程实用性极强，不但需要扎实的理论知识，而且需要大量的实践训练。通过学习，能够使学生了解计算机程序设计的基本知识，掌握程序设计的基本方法和使用计算机处理问题的思维方法，培养学生利用数据库管理系统的能力，为学生继续学习编写 Windows 风格的程序及大型数据库管理软件打下基础。

本书根据“Visual FoxPro 程序设计”课程教学大纲和“Visual FoxPro 程序设计”实验教学大纲的要求编写而成。在编写过程中，作者按照“Visual FoxPro 程序设计”的特点，精心设计每个实验示例和实验内容，注意与课堂讲授内容的衔接。本书除了涉及教学大纲要求掌握的内容外，还兼顾学生的差异，在每个实验中给出了一定数量的实验思考题，供学有余力的学生进一步提高。每个实验示例都列出了比较具体的操作步骤、程序代码及必要的分析和注释说明，学生通过这些示例可以加深对 Visual FoxPro 编程的基本原理、方法的掌握与理解。通过完成这些实验内容，可使学生既掌握了 Visual FoxPro 的学习内容，又进行了开发实验软件的训练，更激发了他们探索 Visual FoxPro 奥秘的兴趣，能达到事半功倍的效果。

全书分为实验指导、习题集、综合测试题和参考答案四大部分。在实验指导中，精选了 18 个实验，每个实验都给出了实验目的和实验内容，使学生能够明确需要掌握的知识点和操作方法，重点培养学生的实际动手能力。在习题集中，按照大纲所要求的内容精选了大量的习题，这些习题能突出重点和难点，以帮助学生对知识和技能有所巩固与提高。综合测试题让学生全面地检验自己对本课程的学习掌握情况，根据需要对知识结构的薄弱环节进行强化。

本书由工作在教学第一线并具有程序设计课程教学经验的多位教师共同编写而成。全书由胡凌燕担任主编，涂英、向华、李曼、刘征分别承担了不同实验单元和习题单元的编写工作，并由陈刚、廖恩阳审稿。本书的编写得到了江汉大学数学与计算机科学学院计算中心全体老师的支持和帮助，在此一并表示感谢。

限于时间仓促及编者水平有限，书中难免有错误与不妥之处，恳请各位师生批评指正。

编　者
2015.9

目　录

第1部分　实验指导

实验 1　Visual FoxPro 的函数和表达式的使用及表的建立

一、实验目的

1. 熟悉 Visual FoxPro 窗口界面及各菜单项的基本用途。
2. 初步掌握 Visual FoxPro 的常量、变量、函数与表达式的使用方法。
3. 初步掌握 Visual FoxPro 的基本数据类型。
4. 熟练掌握建立表的一般方法。
5. 掌握表结构的修改与表的打开、关闭、浏览、显示等基本操作方法。

二、实验内容

(一)实验示例

【例 1-1】 Visual FoxPro 系统的启动与关闭。

启动 Visual FoxPro 的方法有以下几种。

①选择“开始”→“程序”→“Microsoft Visual FoxPro 6.0”菜单项。

②双击桌面上 Visual FoxPro 的快捷方式图标。

关闭 Visual FoxPro 的方法有以下几种。

①在 Visual FoxPro 的命令窗口中,输入命令“QUIT”并按 Enter 键。

②选择“文件”→“退出”菜单项。

③单击右上角的“关闭”按钮。

【例 1-2】 设置工作目录(注意:所有实验都在 VFLX 文件夹下完成)。

命令格式:

SET DEFAULT TO [盘符:][\目录[\…]]

分析:每次启动 Visual FoxPro 后,都需要将系统默认目录设定为当前盘和当前目录,以方便和快速地打开或存储文件。

方法:

①在命令窗口中输入如下命令。

```
SET DEFAULT TO E:\SJLX\VFLX
```
(注:盘符以实验教师指定为准)

②选择“工具”→“选项”菜单项,打开“选项”对话框。选择“文件位置”选项卡,选中“默认目录”,单击“修改”按钮,将默认目录修改为当前盘和当前目录。

【例 1-3】 执行命令写结果。

熟悉常量、变量和函数的使用。

函数调用的命令格式:

函数名([参数表])

方法：

在 Visual FoxPro 命令窗口中输入命令，在屏幕的左上角看结果，并且完成如表 1-1 所示的内容。

表 1-1 函数及表达式

命 令	结 果	功 能
? 3.1415926		
? "abc"		
? (16+8) * 2/6		
? {^2014-12-28}		
? YEAR({^2014-12-28})		
? INT(10/3)		
? SQRT(ABS(3^2－5^2))		
? MOD(7,5)		
? ROUND(3.1415 * 3,2)		
? STR(1998.567,7,1)		
? STR(1998.567,7,2)		
? CTOD("2013/08/16")		
? VAL("1234.567 * 6")		
Y="ABC"		
X= "DEFG"		
? Y		
? Y+X		
X="中文 FoxPro6.0"		
? LEN(X)		
? SUBSTR(X,9,3)		
? LEFT(X,4)		
? RIGHT(X,3)		
? AT("文",X)		
X =str(13.4,4,1)		
Y=right(x,3)		
Z="&Y+&X"		
? &Z,Z		

【例 1-4】 新建表。在 VFLX 文件夹下新建表"aa.dbf",其数据如表 1-2 所示。

表 1-2 aa.dbf 表

学号	姓名	性别	出生年月	少数民族否	数学	语文	外语
01020001	张小强	男	1992.12.3	否	80	81	74
01020002	程冰	男	1993.4.5	否	75	90	81
01020003	李哲	男	1992.8.12	是	68	76	85
01020004	赵大明	男	1994.1.15	否	78	86	62
01020005	冯珊	女	1993.8.28	否	92	88	73
01020006	张青松	男	1994.3.10	否	62	71	84
01020007	陈小丽	女	1992.10.1	是	71	84	91
01020008	周晓	男	1993.9.23	否	84	76	87
01020009	吴倩	女	1992.9.28	否	65	69	83
01020010	肖莉	女	1994.7.30	否	88	80	78

命令格式:

CREATE [<**表文件名**>]

分析:创建表的操作是在数据库中首先要做的操作,其他许多的操作都是在表的基础上完成的。要建立表,首先要设计表结构,进而完成建立表结构及输入记录数据等操作。

方法:

①设计表结构,如表 1-3 所示。

表 1-3 aa.dbf 表的结构

字段名	数据类型	字段宽度	小数位
学号	字符型	8	
姓名	字符型	8	
性别	字符型	2	
出生年月	日期型	8	
少数民族否	逻辑型	1	
数学	数值型	3	0
语文	数值型	3	0
外语	数值型	3	0

②在 Visual FoxPro 的命令窗口中输入命令:

```
CREATE aa
```

打开表设计器。

③在表设计器中,根据表 1-3 输入字段名、数据类型与字段宽度,如图 1-1 所示。

完成表结构后,单击"确定"按钮,根据系统提示"现在输入数据记录吗?",单击"是"按钮,

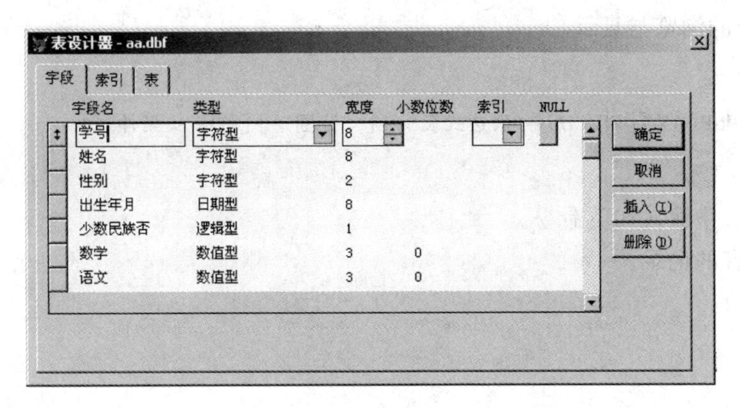

图 1-1　表设计器

然后输入表 1-2 中的数据。

④全部数据输入完成后，按快捷键 Ctrl＋W，存盘退出（也可以按左上角或右上角按钮关闭）。

【例 1-5】　根据新建的 aa. dbf 表，完成下列操作。

(1)修改表的结构。

先将“姓名”字段的宽度修改为 10，然后在末尾增加一个新的字段，字段属性为

字段名：备注　数据类型：备注型　字段宽度：4

命令格式：

USE ＜表文件名＞
MODIFY STRUCTURE

分析：表创建后，有时根据需要，要对表的结构进行修改，可在表设计器中完成操作。

方法：

在命令窗口中输入如下命令。

```
USE aa                          && 打开 aa. dbf 表
MODIFY STRUCTURE                && 打开表设计器，修改表的结构
```

(2)表结构的显示。

显示 aa. dbf 的表结构。

命令格式：

LIST|DISPLAY STRUCTURE

分析：一个表由表结构和表记录两部分组成，因此表的显示有两类命令，即显示表结构和表记录。

方法：

在命令窗口中输入如下命令。

```
LIST STRUCTURE
```

或

```
DISPLAY STRUCTURE
```

(3)表记录的浏览与显示。

命令格式：

LIST|DISPLAY [[FIELDS]＜表达式表＞][＜范围＞][FOR ＜条件＞]

方法：

在命令窗口中输入如下命令。

①显示所有的记录。

```
LIST
```

或

```
DISPLAY ALL                              && 注意两命令的不同
```

②显示当前记录。

```
DISPLAY
```

③显示所有女性记录。

```
LIST FOR 性别="女"
```

④显示学号为 01020005 的记录。

```
LIST FOR 学号="01020005"
```

⑤显示数学成绩大于等于 85 的记录。

```
LIST FOR 数学＞＝85
```

⑥显示不是少数民族的记录。

```
LIST FOR 少数民族否=.F.
```

或

```
LIST FOR NOT 少数民族否
```

⑦显示性别为男的记录的学号和姓名。

```
DISPLAY FIELDS 学号,姓名 FOR 性别="男"
```

⑧显示当前记录以下 5 条记录的学号和姓名。

```
DISPLAY FIELDS 学号,姓名 NEXT 5
```

⑨关闭 aa.dbf 表。

```
USE
```

(二)实验操作

打开 VFLX 文件夹下的 rcda.dbf 表，完成下列操作。

1. 修改表结构，将字段名“照片”删除。

2.显示记录号为奇数的记录。

3.显示所有姓“林”的记录。

4.显示编号前两位为“GZ”的记录。

5.显示所有党员的记录。

6.显示1970年(含1970年)以后出生的记录。

7.显示年龄在40岁以下的记录。

8.显示工资现状在2 000～5 000元之间的记录(包含2 000元和5 000元)。
提示:在FOR语句中使用AND或OR命令。

(三)实验思考

打开VFLX文件夹下的rcda.dbf表,完成下列操作。

1.显示1962年以后出生,并且工资现状大于等于2 000元的记录。

2.显示性别为女,并且是党员的记录。

实验 2　记录的增、删、改与表的维护

一、实验目的

1. 理解表的记录指针与当前记录的含义。
2. 熟练掌握记录的增加与删除操作。
3. 熟练掌握修改记录的命令。
4. 掌握数据复制方法。

二、实验内容

(一)实验示例

打开 VFLX 文件夹下的 rcda.dbf 表(可用命令和菜单两种方式打开表),完成下列操作。

(1)记录指针定位及显示当前记录。

命令格式:

[GO[TO]] <记录号>|TOP|BOTTOM

功能:绝对定位是将记录指针定位到指定记录。

命令格式:

SKIP [<记录数>]

功能:相对定位是以当前记录位置为基准,向前或向后移动记录指针。

命令格式:

LOCATE [<范围>] FOR <条件>

功能:查询定位是将记录指针定位在符合条件的第一条记录上。如果没有满足条件的记录,记录指针定位在文件结束位置。

方法:

在 Visual FoxPro 的命令窗口中输入如下命令。

①将记录指针定位到 3 号记录并显示(绝对定位)。

```
GO 3
DISPLAY
```

②将指针下移两条记录并显示(相对定位)。

```
SKIP 2
DISPLAY
```

③将记录指针指向张军并显示(查询定位)。

```
LOCATE FOR 姓名="张军"
DISPLAY
```

④显示张军及以下4条记录

```
LIST NEXT 5
```

⑤显示16号记录及以下所有的记录

```
16
DISPLAY REST
```

⑥将记录指针分别指向首记录和尾记录,测试BOF()和EOF()函数。

```
GO TOP
SKIP -1
? BOF()
GO BOTTOM
SKIP
? EOF()
```

(2)增加记录。

命令格式:

APPEND [BLANK]

功能:在当前表的末尾追加一条新记录,或者追加一条空记录。

命令格式:

INSERT [BLANK][BEFORE]

功能:在当前表的指定位置插入一条记录,或者插入一条空记录。

方法:

在Visual FoxPro的命令窗口中输入如下命令。

①在尾部添加两条新的记录,内容自定。

```
APPEND
```

打开编辑窗口,输入两条新记录,完成后用快捷键Ctrl+W存盘退出。

②在第2条记录前插入一条空白记录。

```
GO 2
INSERT BEFORE BLANK
```

③在第4条记录后插入如下一条记录:(01020011,冯晓娟,女,1982.5.26,1800,.F.,0,memo,gen)。

```
GO 4
INSERT
```

(3)删除记录。

命令格式:

```
DELETE [<范围>][FOR <条件>]
```

功能：给指定的记录上添加删除标记。如没有可选项，则仅对当前记录添加删除标记。

命令格式：

```
RECALL [<范围>][FOR <条件>]
```

功能：取消指定记录上的删除标记。如没有可选项，则仅取消当前记录的删除标记。

命令格式：

```
PACK
```

功能：清除所有带删除标记的记录。

方法：

在 Visual FoxPro 的命令窗口中输入如下命令。

①逻辑删除姓名为杨行东的记录。

```
DELETE FOR 姓名="杨行东"
```

②恢复以上的逻辑删除。

```
RECALL ALL
```

③物理删除第 9 条记录。

```
GO 9
DELETE
PACK
```

④逻辑删除所有男性并且工资现状大于等于 2 000 元的记录并恢复。

```
DELETE FOR 性别="男" AND 工资现状>=2000
BROWSE
RECALL ALL
```

如图 2-1 所示的记录左边的黑色方块是逻辑删除标记，可以用快捷键 Ctrl+T 撤销和恢复逻辑删除。

Rcda

编号	姓名	性别	出生日期	工资现状	党员否	津贴	工作经历	照片
BJ10001	刘伟箭	男	08/21/70	2000.00	T	0	Memo	gen
			/ /				memo	gen
BJ11002	刘简捷	男	12/28/68	1800.00	T	0	memo	gen
GZ05001	蔬波海	男	04/12/66	1160.00	F	0	memo	gen
01020011	冯晓娟	女	05/26/82	1800.00	F	0	memo	gen
GZ05002	杨行东	男	03/28/59	1260.00	F	0	memo	gen
JL04001	林惠繁	女	02/01/79	2000.00	T	0	memo	Gen
JL04010	黄晓远	男	08/09/80	10000.00	F	0	memo	gen
SY02030	李鹏程	男	02/06/56	3000.00	F	0	memo	gen
SY02035	王国民	男	05/17/45	5000.00	F	0	memo	gen
SH01002	林立荞	女	08/14/74	4210.00	F	0	memo	gen
BJ10002	张军	男	05/09/68	2400.00	T	0	memo	gen
BJ10003	林晓倩	女	03/05/71	1130.00	F	0	memo	gen
GZ05003	刘琴	女	11/28/82	800.00	T	0	memo	gen
GZ05004	魏斌	男	08/26/78	1500.00	F	0	memo	gen
JL04002	方兴华	男	04/11/81	1500.00	T	0	memo	gen
SY02001	潘心心	女	10/29/79	2100.00	F	0	memo	gen
SY02002	范琳兰	女	09/08/84	1200.00	F	0	memo	gen
SH01003	樊新如	女	03/15/72	2300.00	F	0	memo	gen
BJ10004	周东	男	06/20/74	1800.00	F	0	memo	gen
GZ05005	陈兴发	男	09/12/70	2700.00	T	0	memo	gen
11111111	张三	男	08/29/63	4000.00	T	0	memo	gen

图 2-1　逻辑删除标记示意

⑤逻辑删除1970年以后出生的记录并显示添加了删除标记的记录。

```
DELETE FOR YEAR(出生日期)>=1970
DISPLAY FOR DELETE()              && 显示如图2-2所示的界面
```

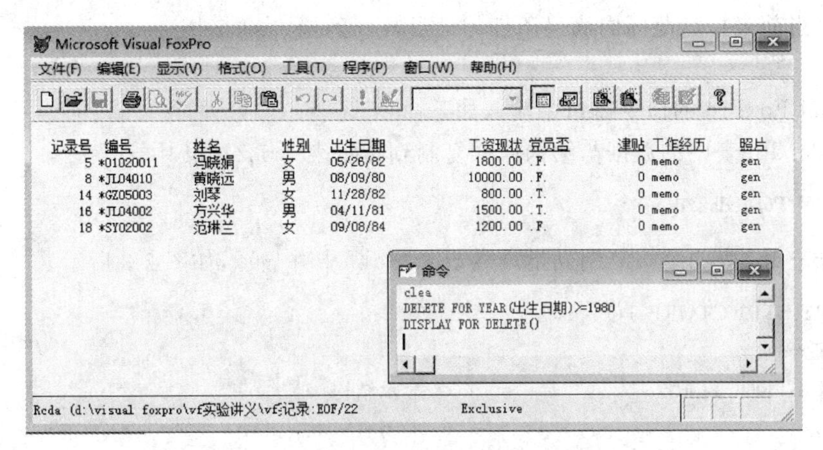

图2-2　逻辑删除记录并显示

图2-2中编号前有"*"标记的记录就是被添加了删除标记的记录，即被逻辑删除的记录。

(4)成批替换修改记录。

命令格式：

REPLACE <字段1> WITH <表达式1> [,<字段2> WITH <表达式2>][,…]
[<范围>][FOR<条件>]

功能：对记录的修改有时是有规律的，使用该命令可以对记录进行成批替换修改。

方法：

在Visual FoxPro的命令窗口中输入如下命令。

①将所有的女性工资现状增加10%。

```
REPLACE 工资现状 WITH 工资现状+工资现状*0.1 FOR 性别="女"
```

②将所有人的津贴替换为600元。

```
REPLACE ALL 津贴 WITH 600
```

③将14号记录的出生日期修改为1970年9月7号

```
GO 14
REPLACE 出生日期 WITH {^1970-09-07}
```

或

```
REPLACE 出生日期 WITH {^1970-09-07} FOR RECNO()=14
```

(5)数据复制。

命令格式：

COPY STRUCTURE TO <文件名> [FIELDS <字段名表>]

功能:将当前表的结构复制到指定的表中。

命令格式:

COPY TO <文件名> [FIELDS] <字段名表> [<范围>][FOR <条件>]

功能:将当前表指定范围内满足条件的记录复制到指定的表中。

方法:

在 Visual FoxPro 的命令窗口中输入如下命令。

①将 rcda.dbf 表中的数据与结构原样复制到指定表 rcda2.dbf 中。

```
COPY TO rcda2.dbf
```

②将 rcda.dbf 表的结构复制到指定表 rcda3.dbf 中并显示,如图 2-3 所示。

```
COPY STRUCTURE TO rcda3
USE rcda3
DISP STRUCTURE                    && 显示结构
USE                               && 关闭表 rcda3.dbf
```

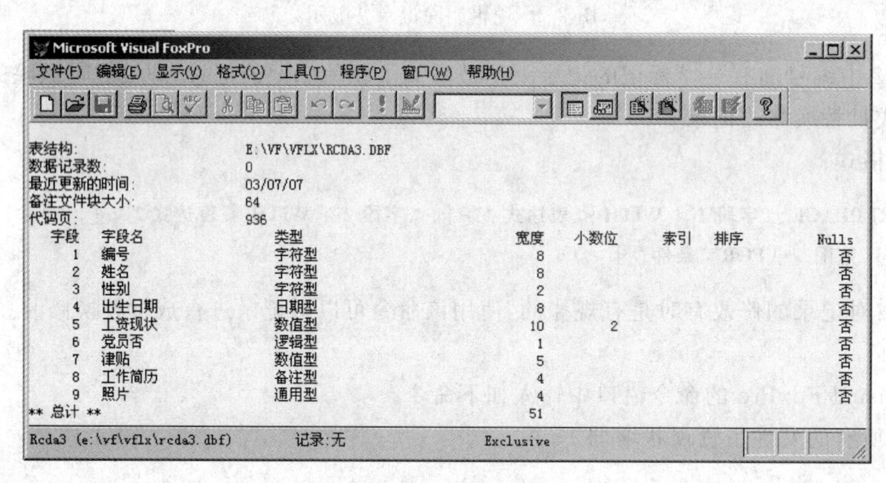

图 2-3　显示表结构

(二)实验操作

打开 VFLX 文件夹下的职工.dbf 表,完成以下操作。

1. 分别用 LIST,DISPLAY ALL 命令显示记录。

2. 用命令 DISPLAY [范围],对 RECORD n,NEXT n,REST,ALL 4 个范围选项显示记录。需要注意每次执行命令后,当前记录的变动。

3. 用 LOCATE,DISPLAY,CONTINUE 命令逐条显示表中男性讲师的“姓名”、“性别”、“职务”和“工龄”字段。

4. 在表的末尾插入一条空白记录。

5. 在表的第7和第8号记录之间增加一条记录,内容为(951226,赵倩,女,1976.5.1,助工,7,.F.,memo)。

6. 逻辑删除职工号中第3个字符为“1”的记录。

7. 恢复所有的逻辑删除。

8. 物理删除记录号为9的记录。

9. 给所有的副教授或者教授的工龄增加两年。

10. 复制一个仅有“职工号”、“姓名”、“性别”、“职务”4 个字段的表职工 2. dbf。

11. 原样复制一个表职工 3. dbf,仅含记录号为偶数且职工号第一个字符为“9”的记录。

12. 将女性副教授的记录复制到职工 4. dbf 中。

(三)实验思考

1. 命令 LIST 和 DISPLAY ALL 用来显示所有的记录,有什么不一样?

2. 逻辑删除和物理删除有什么不同?

3. 记录被逻辑删除后,还能被 REPLACE 命令修改吗?

4. 用 REPLACE 和 RECALL 命令时,省略范围和不省略范围的效果一样吗?

实验 3　表的索引与统计

一、实验目的

1. 熟练掌握表的排序。
2. 熟练掌握表中数据索引的类型和索引文件的创建与使用。
3. 熟悉索引查询定位命令。
4. 掌握表的数据统计命令。

二、实验内容

(一)实验示例

【例 3-1】 创建排序文件。

命令格式：

SORT TO <文件名> ON <字段 1> [/A|/D] [,<字段 2> [/A|/D…]]
[FIELDS <字段名表>][<范围>][FOR <条件>]

功能：对当前表中的记录按指定的字段排序，并将排序后的记录输出到一个新的表中。

对图书.dbf 表，以出版社为第一排序字段(升序)，再以定价为第二排序字段(降序)建立排序，排序文件名为 px1.dbf。

方法：

在 Visual FoxPro 的命令窗口中输入如下命令。

```
USE 图书
SORT ON 出版社,定价/D TO px1.dbf
USE px1.dbf
BROWSE
```

【例 3-2】 创建索引文件。

命令格式：

INDEX ON <索引表达式>
TO <单索引文件名>| TAG<索引标记名> [OF <复合索引文件名>]
[FOR <条件>][ASCENDING][DESCENDING][UNIQUE][ADDITIVE]

功能：对当前表创建单索引文件和结构复合索引文件，在结构复合索引文件中添加索引标记。

方法：

在 Visual FoxPro 的命令窗口中，打开图书.dbf 表，完成以下操作。

(1)以图书编号的升序建立单索引文件，索引文件名为 tsbh1.idx。

```
INDEX ON 图书编号 TO tsbh1.idx
```

注意:记录的排列不再按记录号的顺序,同时了解排序与索引的区别。

(2)以出版社为关键字段降序建立结构复合索引,索引文件名自动为图书.cdx。

```
INDEX ON 出版社 TAG cbs DESC UNIQUE ADDITIVE
LIST
INDEX ON 出版社 TAG cbs DESC ADDITIVE
LIST
```

(3)以出版社为第一序,以出版日期为第二序,升序索引,索引标记名自拟,保存在图书.cdx 文件中。

```
INDEX ON 出版社+DTOC(出版日期) TAG cbrq ADDITIVE
LIST
```

注意:多字段的索引,字段类型必须转换为同一种类型。

说明:在(2)、(3)例子中,如果不加 ADDITIVE,则前面创建的单索引文件将被关闭。如选用 UNIQUE,对于索引表达式值相同的记录,只有第一条记录列入索引文件中。

【例 3-3】 索引文件的使用。

命令格式:

USE <表文件名> INDEX <索引文件名表>

功能:打开表的同时打开指定的索引文件。

命令格式:

SET INDEX TO [<索引文件名表>][ADDITIVE]

功能:当表已打开,该命令为当前表打开一个或多个单索引文件。

命令格式:

SET ORDER TO [<单索引文件名>]|[TAG]<索引标记名>[OF <复合索引文件名>]

功能:指定表的主控索引,或者是单索引文件名,或者是结构复合索引文件中的索引标记。

方法:

在 Visual FoxPro 的命令窗口中输入如下命令。

(1)关闭索引文件。

```
CLOSE INDEX
SET INDEX TO
```

说明:该命令关闭当前工作区内所有打开的单索引文件。结构复合索引文件不能关闭,它随表的打开和关闭而自动打开和关闭。

(2)在打开表的同时打开单索引文件 tsbh1.idx(设"图书"表已关闭)。

```
USE 图书 INDEX tsbh1.idx
```

(3)打开表后再打开单索引文件。

```
USE 图书
SET INDEX TO tsbh1.idx
```

注意：最后一个打开的索引，或新建的索引文件是当然的主控索引。

(4)设置主控索引，分别设置索引标记名为"cbs"和"cbrq"的索引为主控索引。

```
SET ORDER TO TAG cbs
SET ORDER TO TAG cbrq
```

(5)设置文件名为"tsbh1.idx"的单索引为主控索引。

```
SET ORDER TO tsbh1
```

(6)取消主控索引，恢复到无索引状态，即显示原表记录顺序，但索引并没有关闭。

```
SET ORDER TO
```

说明：每次执行命令后，打开"数据工作期"窗口，单击"属性"按钮，可观察到当前的主控索引；单击"浏览"按钮，或在命令窗口中输入"LIST"，可查看按索引排列的记录。

【例 3-4】 索引查询定位。

命令格式：

```
SEEK <表达式>
```

功能：表达式可以是数值型、字符型、日期型或逻辑型表达式，但必须与索引表达式一致。

命令格式：

```
FIND <字符常量>|<数值常量>
```

功能：FIND 后面必须是字符常量或数值常量，不能是表达式，常量类型与索引表达式一致。

方法：

在 Visual FoxPro 的命令窗口中输入如下命令。

(1)设置索引标记名为"cbs"的索引为主控索引，显示记录号为 7 的记录的记录号和书名。

```
SET ORDER TO cbs
Go 7
? RECNO(),书名
```

(2)以 cbs 为主控索引，显示逻辑首和逻辑尾记录。

```
GO TOP
DISPLAY
GO BOTTOM
DISPLAY
```

注意：使用 GO<数值表达式>，记录指针指向物理记录号，与索引无关；而使用 GO TOP |GO BOTTOM 使记录指针指向逻辑首和逻辑尾记录，此时 GO TOP 不等于 GO 1。

(3)以"cbs"为主控索引，用索引查询定位命令 SEEK 和 FIND 查询出版社为"清华大学出版社"的记录。

```
X="清华大学出版社"
SEEK X
```

```
    (或者:SEEK "清华大学出版社")
DISPLAY
SKIP
FIND "清华大学出版社"
```

思考:能否使用命令“FIND X”?

(4)以“cbrq”为主控索引,用 SEEK 命令查询出版社为“清华大学出版社”并且出版日期为“1996-12-25”的记录。

```
Y="清华大学出版社      "+ DTOC({^1996-12-25})
SEEK Y
    (或者:SEEK "清华大学出版社      "+ DTOC({^1996-12-25}))
DISPLAY
```

思考:能否使用命令“"FIND "清华大学出版社   "+ DTOC({^1996-12-25})"”?

也可以进行如下操作。

```
Y="清华大学出版社 "
Z=DTOC({^1996-12-25})
SEEK Y+Z
```

【例 3-5】 表的统计与计算。

命令格式:

COUNT [范围][**FOR** <**条件**>][**TO** <**内存变量**>]

功能:统计当前表中,在指定范围内满足指定条件的记录个数,并存入内存变量中。

命令格式:

SUM|AVERAGE [<**表达式表**>][<**范围**>][**FOR** <**条件**>][**TO** <**内存变量**>]

功能:在当前表中,求指定表达式之和或平均值。

命令格式:

TOTAL ON <**关键字表达式**> **TO** <**文件名**>
[**FIELDS** <**数值型字段名表**>][<**范围**>][**FOR**<**条件**>]

功能:对当前表中的某些数值型字段,按关键字表达式进行分类汇总,并把统计结果存在文件名指定的表中。

(1)打开 VFLX 文件夹下的表工资.dbf,完成下列操作。

方法:

在 Visual FoxPro 的命令窗口中输入如下命令。

①对所有“职工号”字段中第一个字符为 6 并且“其他扣款”字段值为 0 的记录,求其“津贴”字段值的和。

```
SUM 津贴 FOR Subs(职工号,1,1)="6" AND 其他扣款=0        (答案:1615.50)
```

②对所有记录,求其基本工资的平均值,并存入内存变量中。

```
AVERAGE 基本工资 TO gz
```

```
? gz                                                    (答案:637.26)
```

(2)打开职工.dbf表,完成下列操作。

方法:

在 Visual FoxPro 的命令窗口中输入如下命令。

①求男性职工的人数,并存入内存变量中。

```
COUNT TO xx FOR 性别="男"
? xx                                                    (答案:21)
```

②先按性别再按职务分类对工龄进行分类汇总,并将结果存于表 gl.dbf 中。(注意:汇总前必须按分类字段建立索引。)

```
INDEX ON 性别+职务 TAG xb
TOTAL ON 性别+职务 TO gl
```

③按职务对工龄进行分类汇总,并将结果存于表 g2.dbf 中。

```
INDEX ON 职务 TAG ZW
TOTAL ON 职务 TO g2
```

注意:分别打开表"g1.dbf"和"g2.dbf"并浏览,比较结果。

(二)实验操作

依据不同的表,完成下列操作。

1.对 xscjpd.dbf 表,以性别为关键字段升序索引。

2.对 xscjpd.dbf 表,首先计算每个人的总分,然后按"总分"的降序显示所有记录。

3.对 xscjpd.dbf 表,建立普通索引,"性别"为第一序,"计算机"为第二序,升序。

4.针对第2小题,使用 SEEK 和 FIND 命令查找总分为245.0的记录,并显示。

5. 针对第 3 小题，使用 SEEK 和 FIND 命令查找男性、计算机成绩为 72 的记录，并显示。(能否用 SEEK 查找?)

6. 对 xscjpd. dbf 表，对所有女生求总分的平均值。

7. 在职工. dbf 表中，对所有男性且职务中第 3 个汉字为“师”字的记录，求其工龄的平均值。

8. 在职工. dbf 表中，对所有男性且职务中最后一个汉字为“师”字的记录，求其工龄的平均值。

9. 对图书. dbf 表，先对记录按“出版社”字段升序排序，再对所有 N 型字段进行汇总，生成结果存入表 cbs. dbf 中。

(三)实验思考

1. 在分类汇总中，如果不先索引，结果会一样吗？请上机验证。

2. 在上面第 5 题中，索引字段计算机的类型不转换为字符型，结果会怎样？

实验4 数据库的创建及使用

一、实验目的

1. 掌握在表设计器中建立索引的方法。
2. 掌握数据库的创建、打开、关闭等基本操作。
3. 掌握为数据库表建立永久关系的作用和方法。
4. 熟悉参照完整性和设置字段有效性规则。

二、实验内容

(一)实验示例

【例 4-1】 打开 VFLX 文件夹下的表 man.dbf,用表设计器建立索引。按体重字段的降序建立普通索引,然后使索引引用生效。

分析:除了使用命令建立索引外,还可以使用表设计器建立索引。用表设计器建立的索引都是结构复合索引文件,在该结构复合索引文件中,索引标记名默认为“体重”。

方法:

①选择“窗口”→“数据工作期”菜单项,打开表 man.dbf。

②单击“数据工作期”对话框的“属性”按钮,打开“工作区属性”对话框,如图 4-1 所示。

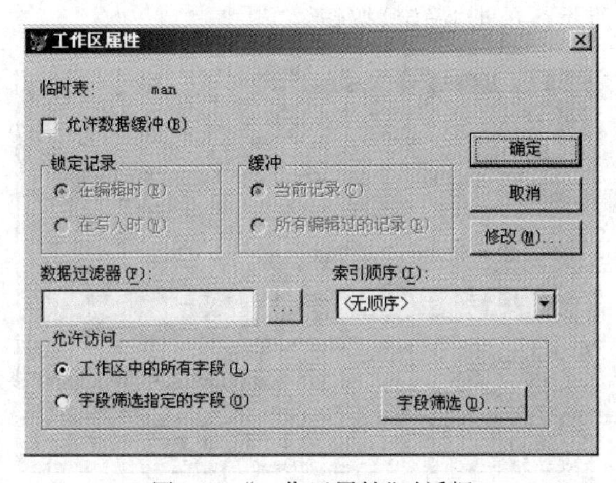

图 4-1 “工作区属性”对话框

③单击“修改”按钮,打开表设计器。

④选择“字段”选项卡中的“体重”字段名,设置索引为降序,如图 4-2 所示。

⑤再选择“索引”选项卡,设置索引类型为“普通索引”,如图 4-3 所示。

⑥单击“确定”按钮关闭表设计器,回到“数据工作期”对话框,完成索引设置。

⑦要使索引生效,还必须选择“工作区属性”对话框中的“索引顺序”下拉列表框中的

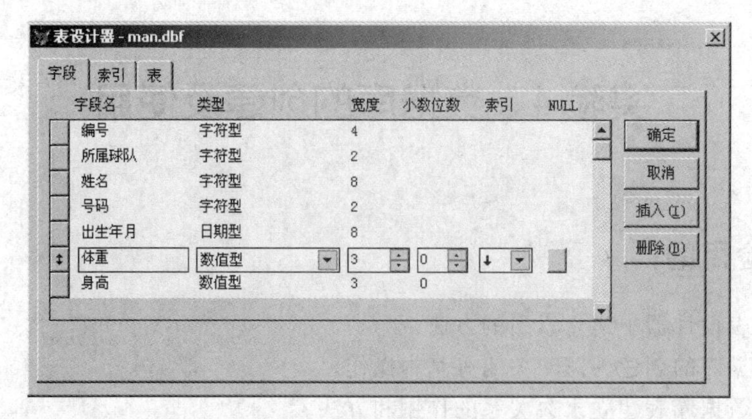

图 4-2　设置索引为降序

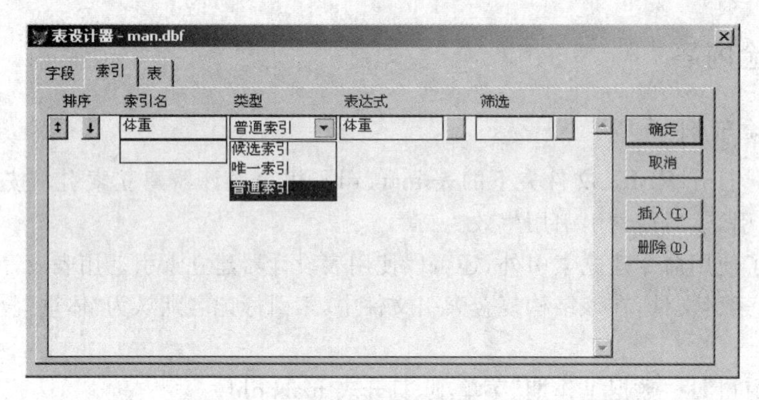

图 4-3　设置索引类型为"普通类型"

"man:体重",如图 4-4 所示。单击"确定"按钮。

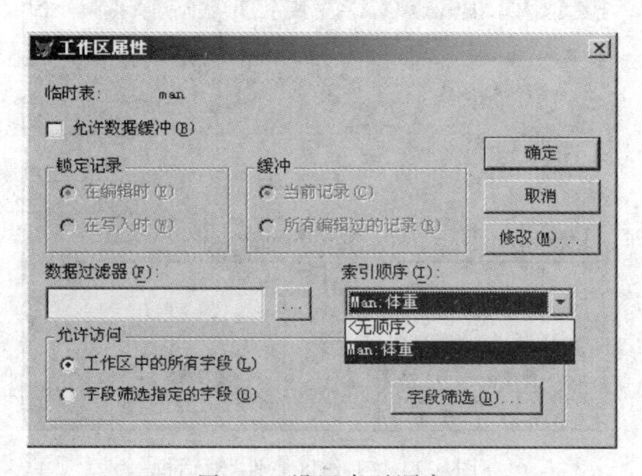

图 4-4　设置索引顺序

说明:在自由表中建立的结构复合索引只能是候选索引、唯一索引和普通索引,如图 4-3 所示。

【例 4-2】　创建学习.dbc 数据库,在该数据库中添加表:学生、成绩、课程,并保存。

(1)命令方式。

```
CREATE DATABASE [＜数据库文件名＞]
```

MODIFY DATABASE [<数据库文件名>]

分析：使用 CREATE 命令创建数据库后，并不打开数据库设计器，只是建立一个新的数据库文件并打开此数据库。要想打开数据库设计器，必须再使用命令 MODIFY。

方法：

在 Visual FoxPro 的命令窗口中输入如下命令。

```
CREATE DATABASE 学习
MODIFY DATABASE
```

打开学习数据库的数据库设计器，再向数据库中添加自由表。或者直接使用如下命令，既建立一个新的数据库文件，又同时打开该数据库的数据库设计器。

```
MODIFY DATABASE 学习
```

(2)菜单方式。

①选择“文件”→“新建”菜单项，打开如图 4-5 所示的“新建”对话框。

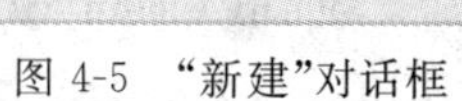

图 4-5 “新建”对话框

②选择“数据库”单选按钮，单击“新建文件”按钮。

③在打开的“创建”对话框中，输入数据库文件名“学习.dbc”，并保存，打开数据库设计器。

④将鼠标移到数据库设计器窗口中，在空白处右击，从弹出的快捷菜单中选择“添加表”命令，打开“打开”对话框，分别向数据库中添加表：“学生”、“课程”、“成绩”，如图 4-6 所示。

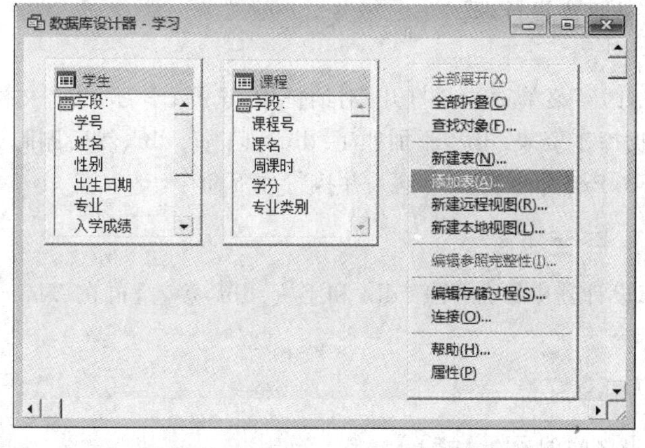

图 4-6 在数据库设计器中添加表

⑤完成自由表的添加后，单击数据库设计器右上角的“关闭”按钮，关闭数据库设计器，完成“学习.dbc”数据库的建立。

【例 4-3】 数据库的打开、关闭与删除。

在 Visual FoxPro 中，修改数据库实际上是打开数据库设计器，在其中完成各种数据库对象的建立、修改和删除等操作。

(1)命令方式。

命令格式：

```
OPEN DATABASE [<数据库文件名>]
```

功能：使用 OPEN 命令只是打开数据库，仍然需要使用 MODIFY 命令打开数据库设计器。

命令格式：

```
CLOSE [ALL|DATABASE]
```

功能：ALL 用于关闭所有数据库，DATABASE 用于关闭当前数据库。

命令格式：

```
DELETE DATABASE [<数据库文件名>]
```

功能：删除指定的数据库，且要删除的数据库必须处于关闭状态。

打开学习. dbc 数据库设计器。

方法：

在 Visual FoxPro 的命令窗口中输入如下命令。

```
OPEN DATABASE 学习
MODIFY DATABASE
```

或者使用如下命令直接打开“学习. dbc”数据库设计器。

```
MODIFY DATABASE 学习
```

(2)菜单方式。

打开“学习. dbc”数据库设计器。

方法：

选择“文件”→“打开”菜单项，在“打开”对话框中，选择“学习. dbc”文件。

(3)创建一个数据库工资表. dbc，添加职工. dbf 和工资. dbf，然后删除该数据库。

首先在 Visual FoxPro 命令窗口中输入并执行如下命令。

```
MODIFY DATABASE 工资表
```

然后在打开的数据库设计器中添加职工. dbf 和工资. dbf，接着，再在 Visual FoxPro 命令窗口中输入并执行如下命令。

```
CLOSE DATABASE
```

【例 4-4】 建立表之间的永久关系。

打开学习. dbc 数据库，完成下列操作。

为数据库表建立索引，实现学生表与成绩表间的一对多的永久关系，课程表与成绩表间的一对多的永久关系。各表需要建立的索引如表 4-1 所示。

表 4-1 “学习”数据库中 3 个数据库表的索引

数据库表	索引字段	索引类型
学生	学号	主索引或候选索引
成绩	学号	普通索引

续表

数据库表	索引字段	索引类型
成绩	课程号	普通索引
课程	课程号	主索引或候选索引

方法：

①在 Visual FoxPro 的命令窗口中输入如下命令。

```
MODIFY DATABASE 学习
```

②将鼠标移到数据库设计器中的成绩表上，单击鼠标右键，选择快捷菜单中的“修改”命令，如图 4-7 所示，可以打开表设计器。

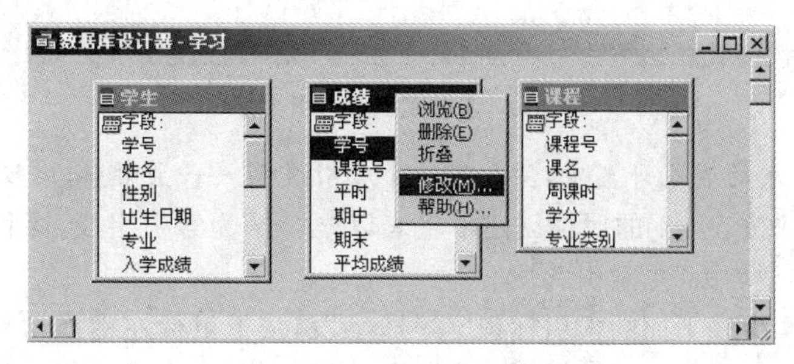

图 4-7 在数据库设计器中修改表结构

③在打开的表设计器中，按表 4-1 设置索引，即在成绩表中设置 “学号”和“课程号”为索引字段，如图 4-8 所示。

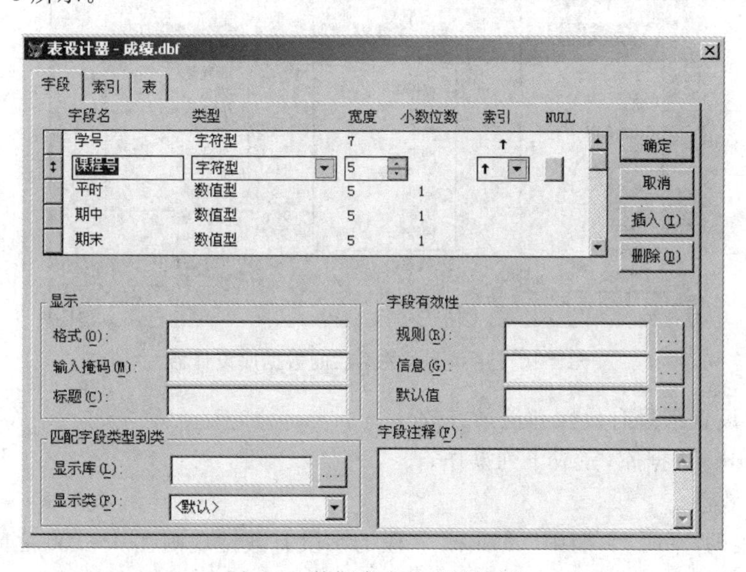

图 4-8 数据库表的表设计器

注意：自由表与数据库表的表设计器是不同的，比较图 4-2 和图 4-8。

④设置索引的类型。在表设计器中选择“索引”选项卡，设置“学号”和“课程号”均为“普通索引”，如图 4-9 所示。

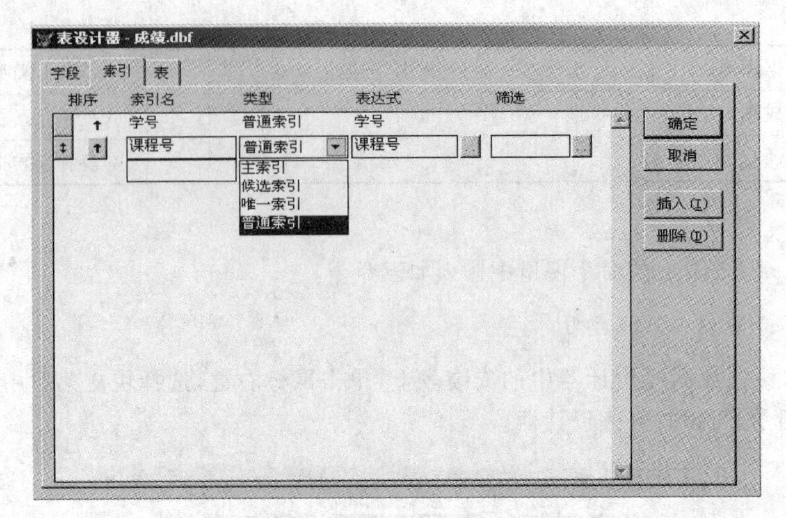

图 4-9　数据库表的索引类型

注意:在数据库表的表设计器中,增加了一个索引类型——主索引,比较图 4-3 和图 4-9。

⑤以同样的方法按表 4-1 的属性创建学生表以"学号"为索引字段,课程表以"课程号"为索引字段,其索引类型均为"主索引"。

⑥将鼠标移到学生表下面的索引标识"学号"字段,按下鼠标左键拖动到成绩表下面的索引标识"学号"字段,释放左键,可以看到出现一条连线,表示两个表之间的关系已经建立。采用相同的操作步骤可以建立成绩表和课程表之间的关系,如图 4-10 所示。

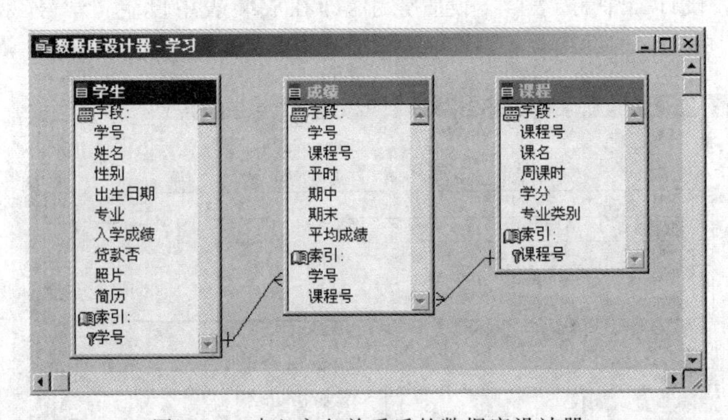

图 4-10　建立永久关系后的数据库设计器

【例 4-5】　设置字段有效性和记录有效性。

打开学习.dbc 数据库,完成下列操作。

(1)字段有效性。

设置成绩表的"平时"、"期中"、"期末"字段的字段有效性规则在 0～100 之间,并验证。

方法:

①将鼠标移到数据库设计器中的成绩表,单击鼠标右键,从弹出的快捷菜单中选择"修改"命令,打开数据库表设计器,如图 4-8 所示。

②选中"平时"字段,单击"字段有效性"区域中的"规则"文本框后的 按钮,打开表达式生成器,输入表达式"平时>=0 AND 平时<=100",如图 4-11 所示。

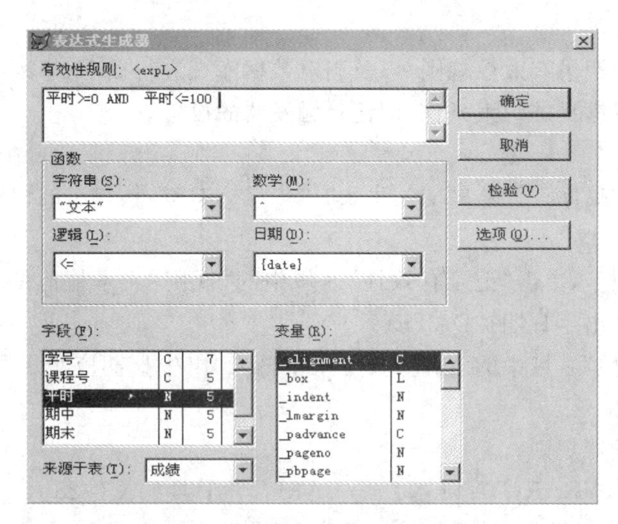

图 4-11　设置字段有效性中的规则

③单击“确定”按钮，完成“平时”字段有效性的设置。

④在表设计器中，在“字段有效性”区域的“信息”文本框中，输入信息“成绩在 0 到 100 之间，重新输入!”，则当输入成绩不在 0～100 之间时，将弹出内容是此信息的信息框，如图 4-12 所示。

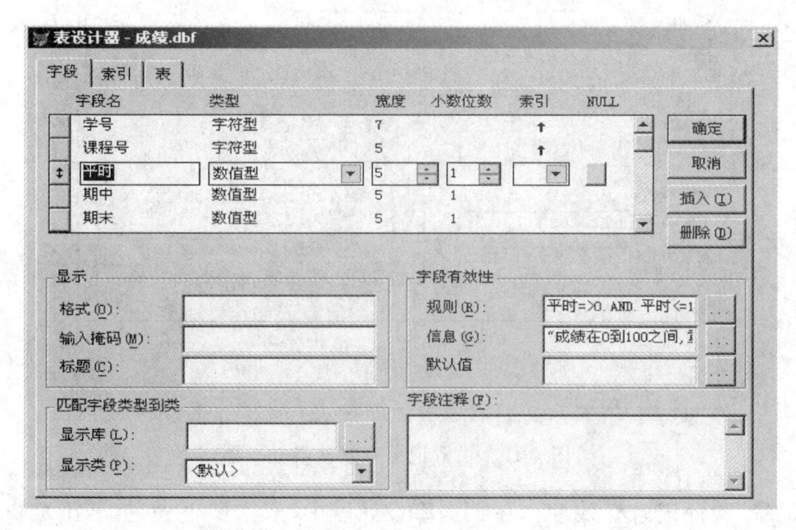

图 4-12　设置字段有效性中的信息

⑤“期中”、“期末”字段的有效性规则的设置与“平时”字段相同。

⑥添加记录，验证“平时”、“期中”和“期末”字段的有字段效性。

在数据库设计器中，双击成绩表，打开其浏览窗口，再在命令窗口中输入追加一条记录的命令：

```
APPEND
```

并输入记录，当输入平时、期中和期末成绩时，验证字段有效性。

(2)记录有效性。

设置学生表中的记录有效性规则,以及当对数据库表进行插入、修改、删除记录操作时,被操作的记录数据所要满足的约束条件,即记录触发器的设置。

方法:

①将鼠标移到数据库设计器中的学生表,单击鼠标右键,从弹出的快捷菜单中选择“修改”命令,打开表设计器。

②选择“表”选项卡,单击“记录有效性”区域中的“规则”文本框后的 按钮,打开表达式生成器,输入表达式“出生日期＜DATE()”。

③在“记录有效性”区域中的“信息”文本框中输入“出生日期应小于当前日期”,如图 4-13 所示。

④分别设置触发器规则。

- 插入触发器:(YEAR(DATE())－YEAR(出生日期))＜＝28。
- 更新触发器:(YEAR(DATE())－YEAR(出生日期))＜＝28。
- 删除触发器:EMPTY(姓名)。

如图 4-13 所示。

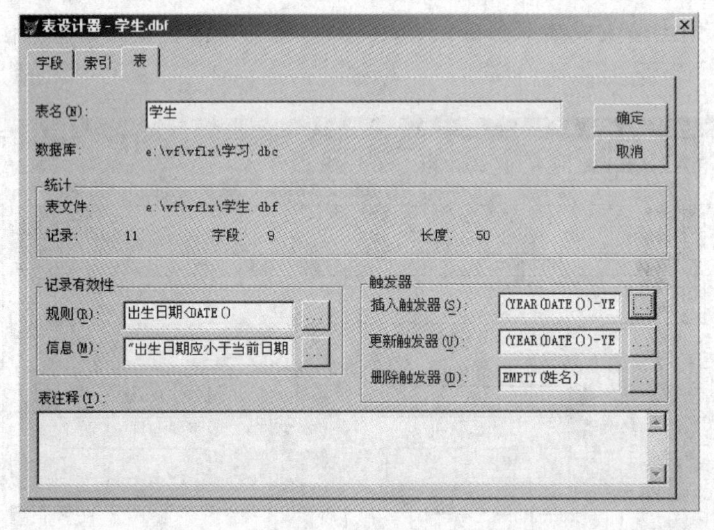

图 4-13 设置记录有效性及触发器

⑤添加记录,验证记录有效性。在数据库设计器中,双击学生表,打开浏览窗口,再在命令窗口中输入命令:

```
APPEND
```

在打开的编辑窗口中分别输入数据:

```
1302011,王刚,男,12/12/2015,英语,566.5,.T.
1302011,王刚,男,12/12/1980,英语,566.5,.T.
1302011,王刚,男,12/12/1990,英语,566.5,.T.
```

可以发现,根据“插入触发器”设置条件,该操作只能在第 3 组的数据输入时成功。

⑥逻辑删除上面添加的记录。

```
GO BOTTOM
DELETE
```

不能删除该记录，根据“删除触发器”设置条件，只有当该记录的“姓名”字段值为空时，才能进行逻辑删除。

【例 4-6】 打开学习.dbc 数据库，编辑参照完整性：两个关系的更新规则均为限制，删除规则均为级联，插入规则均为忽略。

方法：

①在建立参照完整性之前必须首先清理数据库，即物理删除数据库各个表中所有带有删除标记的记录。

选择“数据库”→“清理数据库”命令。

②在图 4-10 中，右击表之间的连线，从快捷菜单中选择“编辑参照完整性”命令，打开参照完整性生成器，编辑参照完整性，如图 4-14 所示。

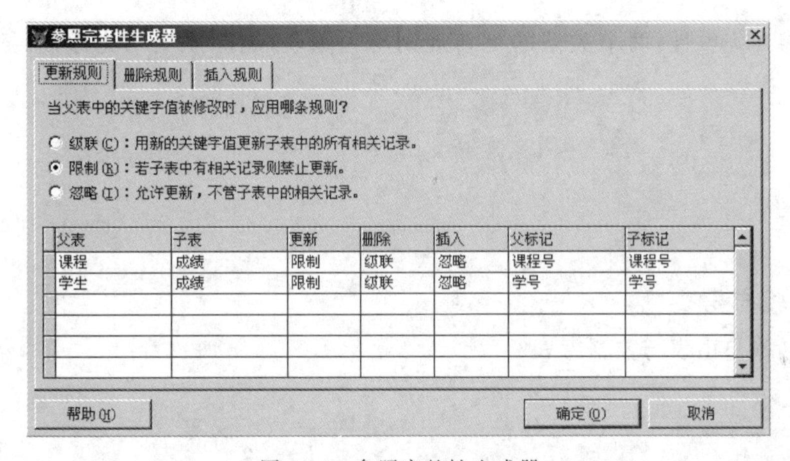

图 4-14　参照完整性生成器

(二)实验操作

创建数据库图书管理.dbc，添加表：读者 2、借阅、图书。依据图书管理.dbc 数据库，完成下列操作。

1.将读者 2 表移去，添加读者表。

2.建立读者与借阅表的一对多、图书与借阅表的一对多之间的关系(注意：如何确定三个表各自的索引字段及索引类型)。

3. 设置图书表的“总数”字段的字段有效性规则在 0～50 之间，出错信息为“总数输入出错，应该在 0～50 之间。”，默认值为“0”（注意：“规则”是逻辑表达式，“信息”是字符表达式，“默认值”的类型则以字段的类型确定）。

4. 设置图书表的记录有效性，规则为“总数大于或等于借出数”，出错信息为“输入记录的总数必须大于或等于借书数。”，插入触发器、更新触发器、删除触发器均输入表达式“出版日期<{^2005-01-01}”。

5. 编辑参照完整性：两个关系的更新规则均为级联，删除规则均为限制，插入规则均为忽略。

（三）实验思考

1. 如何转换自由表与数据库表？

2. 一个数据库表可以建立几个主索引？

3. 在数据库设计器中建立表间关系时，父表中是否可以建立普通索引？

4. 是否可以为自由表设置字段有效性和参照完整性？

实验5 视图设计器与查询设计器的使用

一、实验目的

1. 掌握视图与查询的概念与用法。
2. 掌握用视图设计器建立视图和利用视图更新表数据的方法。
3. 掌握用查询设计器建立查询、选择查询结果去向和运行查询的方法。

二、实验内容

(一)实验示例

【例5-1】 创建单表本地视图。

由表rcda.dbf,创建一个单表本地视图"rcda视图",视图中包含"编号"、"姓名"、"性别"和"工资现状"4个字段。

分析:由于视图是一种虚拟表,是数据库的一个组成部分,因此,创建视图前,首先需打开或新建数据库文件。

方法:

①在VFLX文件夹中创建数据库文件sjk1.dbc。

②选择"文件"→"新建"菜单项,在打开的"新建"对话框中选择"视图"单选按钮,单击"新建文件"按钮,打开"添加表或视图"对话框。单击"其他"按钮,将当前文件夹中的rcda表添加到视图设计器中,如图5-1所示,然后单击"关闭"按钮。

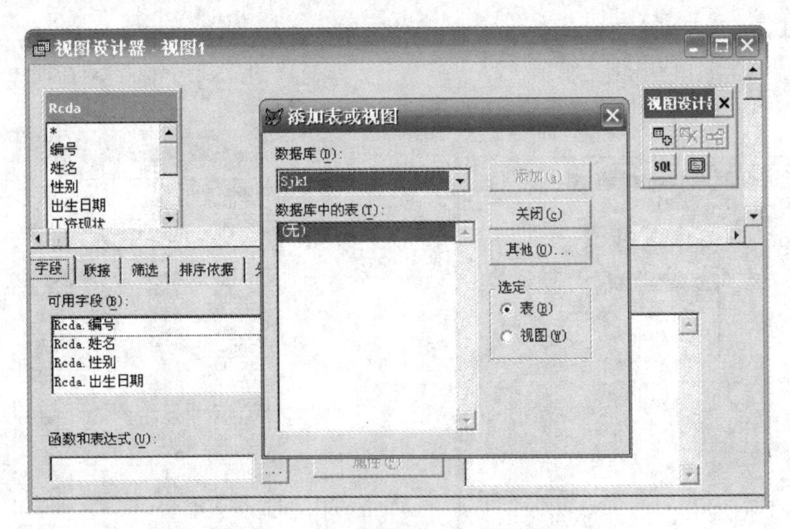

图5-1 添加表到视图设计器中

③在视图设计器的"字段"选项卡下,在"可用字段"列表框中,逐个选择"rcda.编号"、

“rcda.姓名”、“rcda.性别”和“rcda.工资现状”字段，并单击“添加”按钮添加到“选定字段”列表框中，如图 5-2 所示。

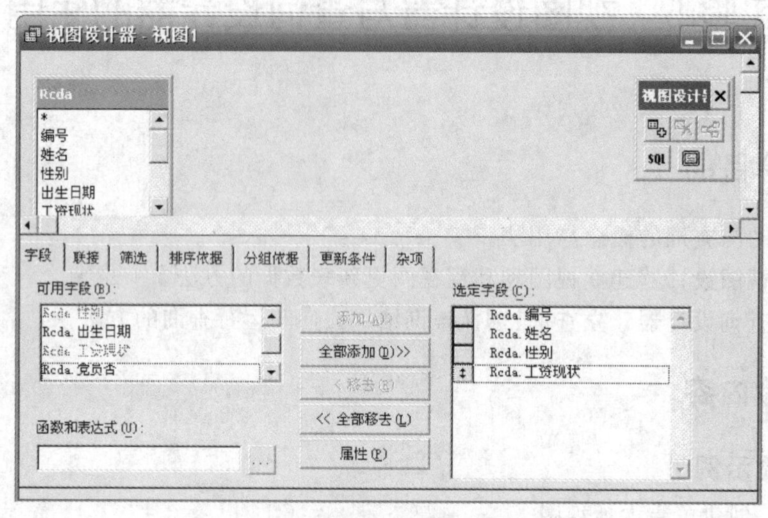

图 5-2　在视图设计器中添加字段

④关闭视图设计器，弹出保存提示对话框，如图 5-3 所示，单击“是”按钮，即进入视图的“保存”对话框。

⑤在“保存”对话框中输入视图的名字“rcda 视图”，如图 5-4 所示，单击“确定”按钮，本视图即被存放在当前打开的数据库中，同时可浏览，如图 5-5 和图 5-6 所示。

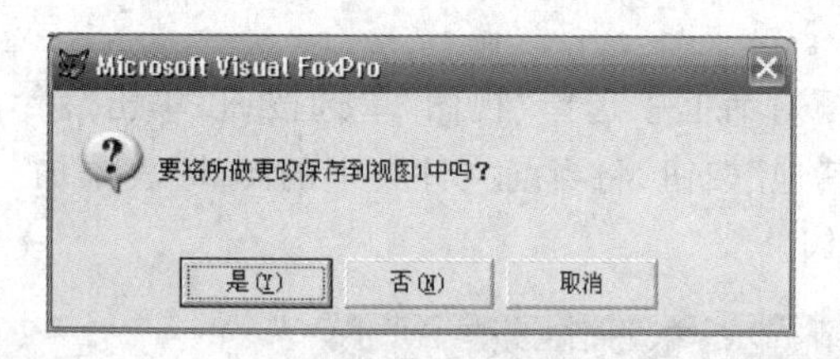

图 5-3　保存视图提示对话框

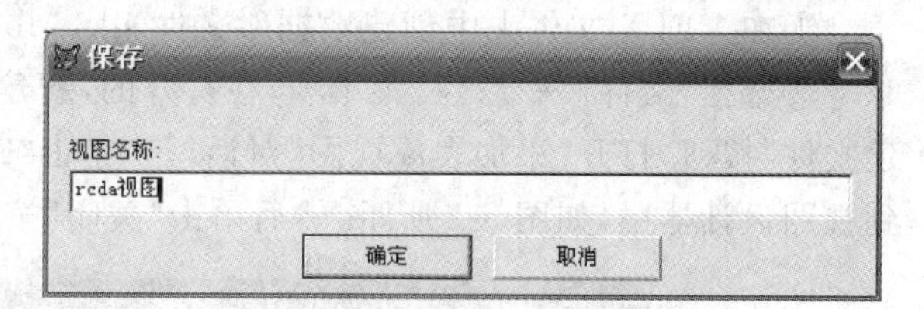

图 5-4　“保存”对话框

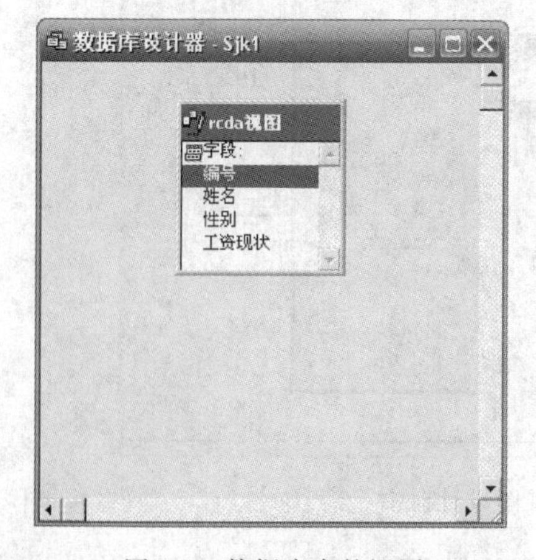

图 5-5　数据库中的视图

Rcda视图

编号	姓名	性别	工资现状
BJ10001	刘伟箭	男	2000.00
BJ11002	刘简捷	男	1800.00
GZ05001	藤波海	男	1160.00
GZ05002	杨行东	男	1260.00
JL04001	林惠繁	女	2000.00
JL04010	黄晓远	男	10000.00
SY02030	李鹏程	男	3000.00
SY02035	王国民	男	5000.00
SH01001	金银桥	女	8000.00
SH01002	林立养	女	4210.00
BJ10002	张军	男	2400.00
BJ10003	林晓信	女	1130.00
GZ05003	刘琴	女	800.00
GZ05004	魏斌	男	1500.00
JL04002	方兴华	男	1500.00
SY02001	潘心心	女	2100.00
SY02002	范琳兰	女	1200.00
SH01003	樊新如	女	2300.00
BJ10004	周东	男	1800.00
GZ05005	陈兴发	男	2700.00

图 5-6　浏览视图

【例 5-2】 创建多表本地视图。

由学生.dbf、成绩.dbf和课程.dbf 3张表，创建一个多表本地视图 xscj 视图，视图中包含“学生.学号”、“学生.姓名”、“学生.专业”、“课程.课名”及“成绩.期末”5个字段，并按照课名升序排序，然后利用 xscj 视图更新学生.dbf中“专业”字段的值。

方法：

①在 VFLX 文件夹中创建数据库文件 sjk2.dbc，并添加学生.dbf、成绩.dbf和课程.dbf 3张表，同时建立如图 5-7 所示的表间的永久关系。

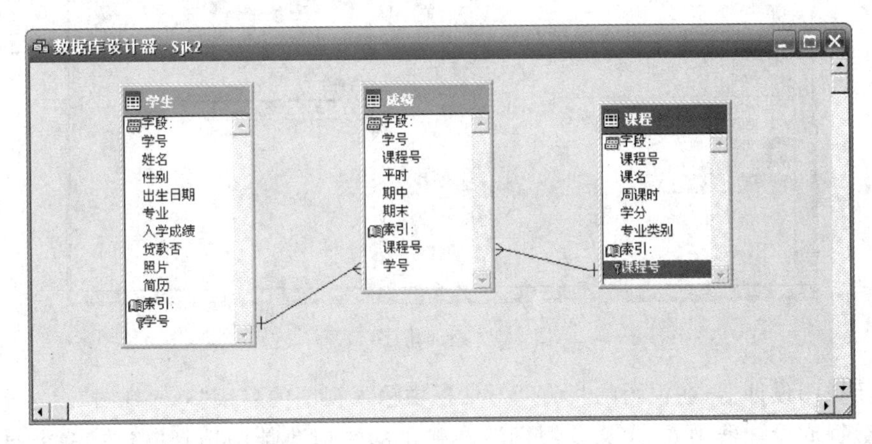

图 5-7 数据库中的表及表间关系

②选择“文件”→“新建”菜单项，在打开的“新建”对话框中选择“视图”单选按钮，单击“新建文件”按钮，打开“添加表或视图”对话框，依次添加学生、成绩、课程3张表。

③在视图设计器的“字段”选项卡下，在“可用字段”列表框中，逐个选择“学生.学号”、“学生.姓名”、“学生.专业”、“课程.课名”、“成绩.期末”字段，并单击“添加”按钮添加到“选定字段”列表框中，如图 5-8 所示。

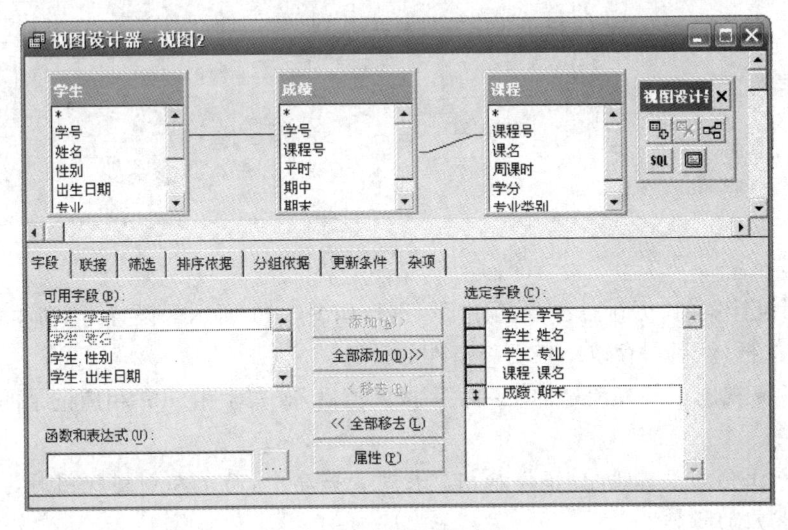

图 5-8 添加可用字段

④在视图设计器的“排序依据”选项卡下，从“选定字段”列表框中选择“课程.课名”添加到“排序条件”列表框中，并选择“升序”单选按钮，如图 5-9 所示。

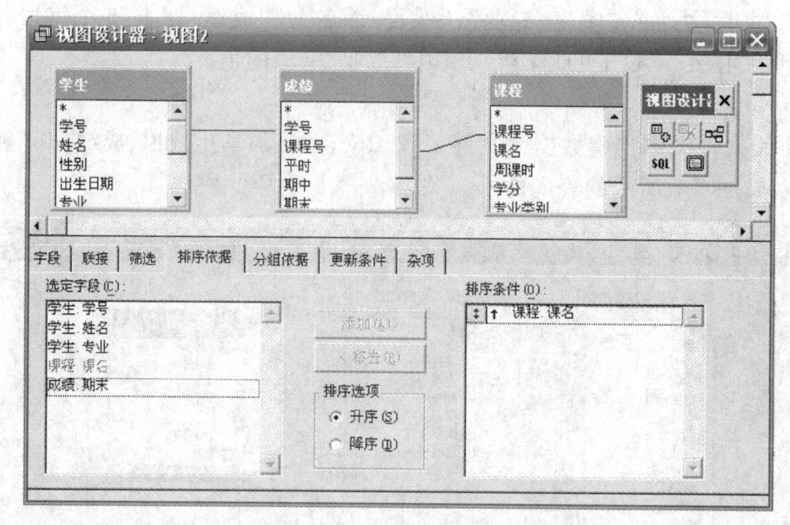

图 5-9　添加排序字段

⑤关闭视图设计器，在视图的“保存”对话框中输入视图的名字“xscj 视图”。

⑥在数据库设计器中右击“xscj 视图”，在弹出的快捷菜单中选择“修改”命令，如图 5-10 所示。

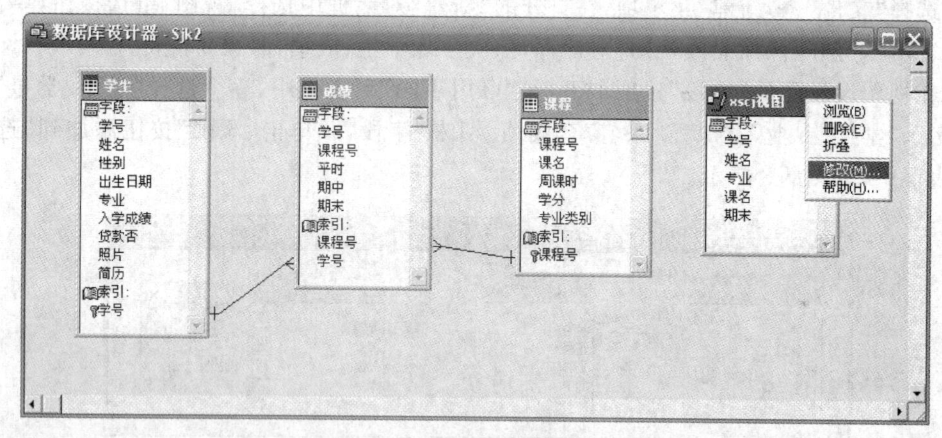

图 5-10　视图的快捷菜单

⑦在视图设计器的“更新条件”选项卡下，进行如图 5-11 所示的设置，特别注意选中“发送 SQL 更新”复选框，然后保存以结束更新条件的设置。

⑧修改 xscj 视图中某些记录的“专业”字段的值后，观察学生.dbf 相应记录的“专业”字段值的变化。

请问：如果上例的步骤①中，不添加相应表到数据库中，而是在创建视图时再添加相应的表，能否完成相应的操作？

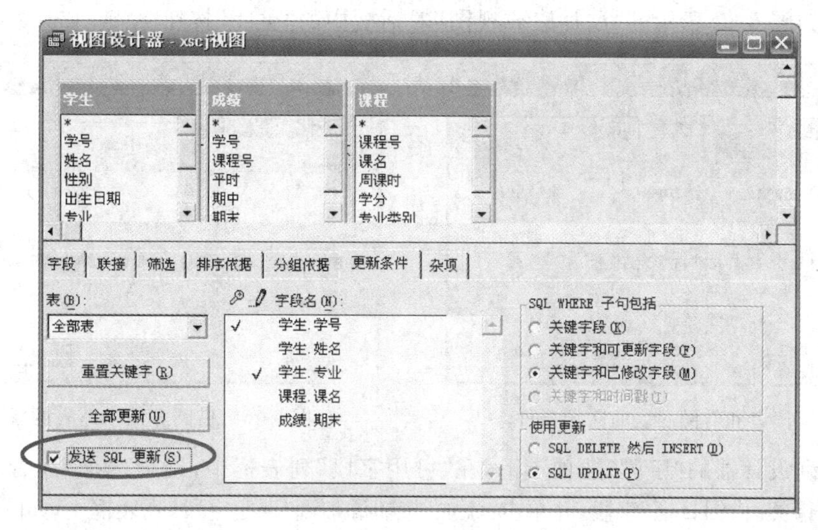

图 5-11　视图设计器的“更新条件”选项卡

【例 5-3】 创建查询文件。

在 VFLX 文件夹中创建查询文件 JieShu. qpr，其中添加 VFLX 文件夹中的读者. dbf、借阅. dbf、图书 dbf 3 张表，要求查询借阅了清华大学出版社出版的图书的读者的姓名、借阅日期及书名，并按照借阅日期的降序进行排序。

方法：

①选择“文件”→“新建”菜单项，在打开的“新建”对话框中选择“查询”单选按钮，单击“新建文件”按钮，在打开查询设计器的同时，若之前已打开某个数据库文件，则弹出如图 5-12 所示的“添加表或视图”对话框。若之前未打开任何数据库文件，则弹出如图 5-13 所示的“打开”对话框。

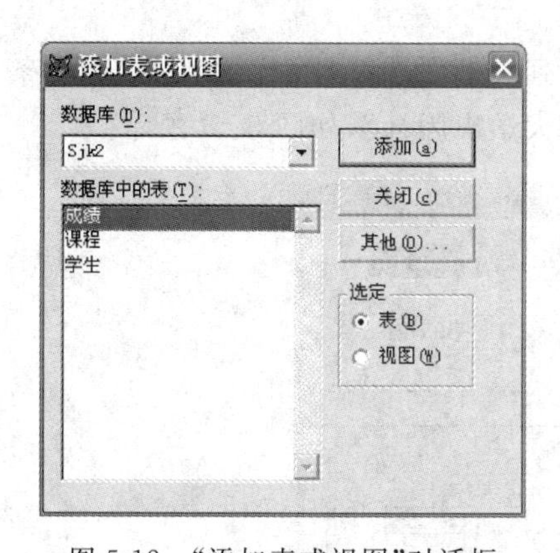

图 5-12　“添加表或视图”对话框

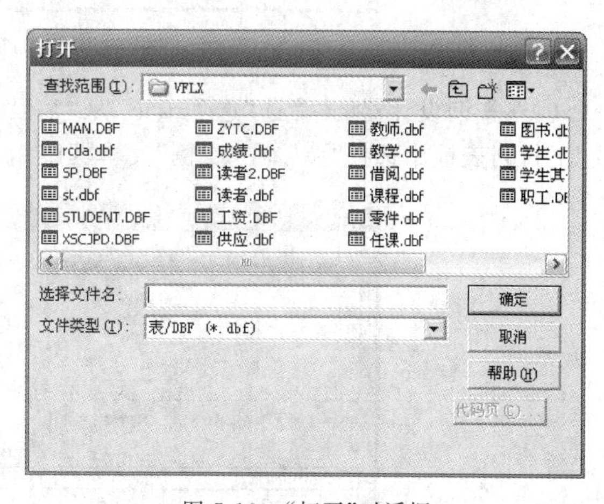

图 5-13　“打开”对话框

②在如图 5-12 所示的“添加表或视图”对话框中，如果有所需添加的表或视图，则选择后添加。如果没有所需的表或视图，则单击“其他”按钮，弹出如图 5-13 所示的“打开”对话框。在此对话框中选择读者. dbf，再次单击“其他”按钮，分别选择借阅. dbf 和图书. dbf，同时确定联接条件，如图 5-14、图 5-15 所示。

③单击如图 5-12 所示的“添加表或视图”对话框中的“关闭”按钮。

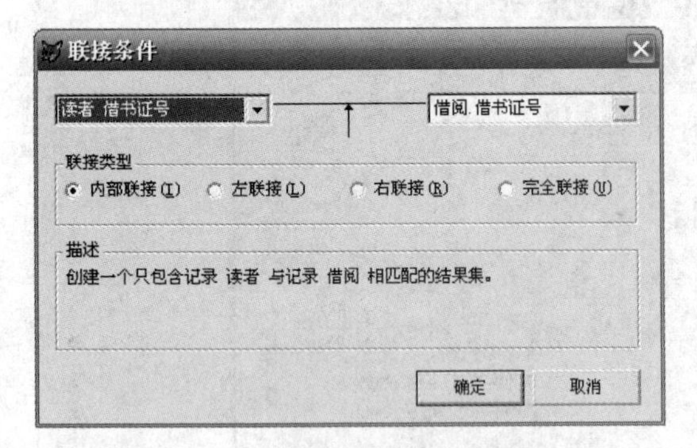

图 5-14　读者和借阅两表的联接条件

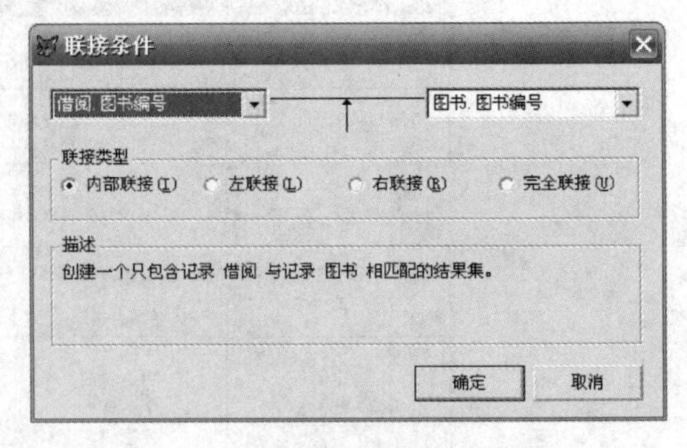

图 5-15　借阅和图书两表的联接条件

④在查询设计器的“字段”选项卡下，在“可用字段”列表框中，逐个选择“读者.姓名”、“图书.书名”和“借阅.借阅日期”字段，并单击“添加”按钮添加到“选定字段”列表框中，如图 5-16 所示。

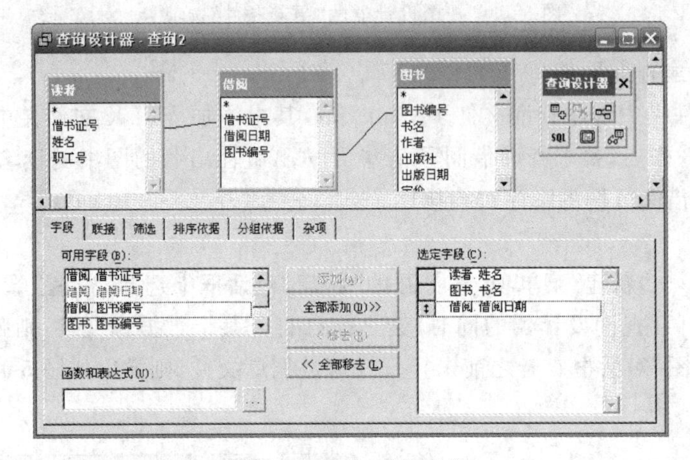

图 5-16　添加可用字段

⑤在查询设计器的“筛选”选项卡下，从“字段名”下拉列表框中选择“图书.出版社”，在“条件”下拉列表框中选择“＝”，在“实例”文本框中输入“清华大学出版社”，如图 5-17 所示。

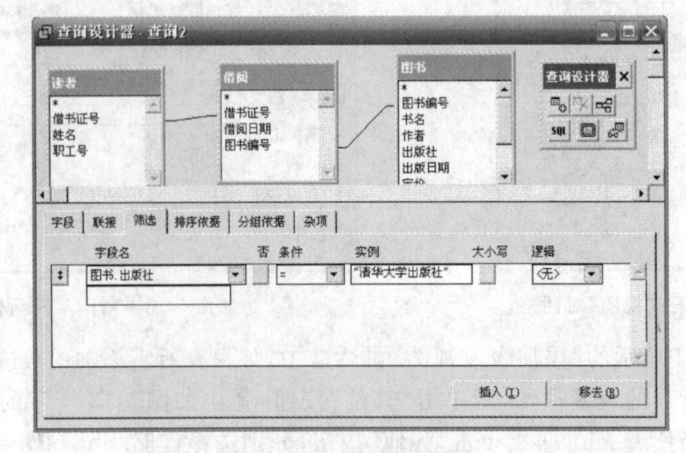

图 5-17　确定筛选条件

⑥在查询设计器的“排序依据”选项卡下，从“选定字段”列表框中选择“借阅.借阅日期”添加到“排序条件”列表框中，并选择“降序”单选按钮，如图5-18所示。

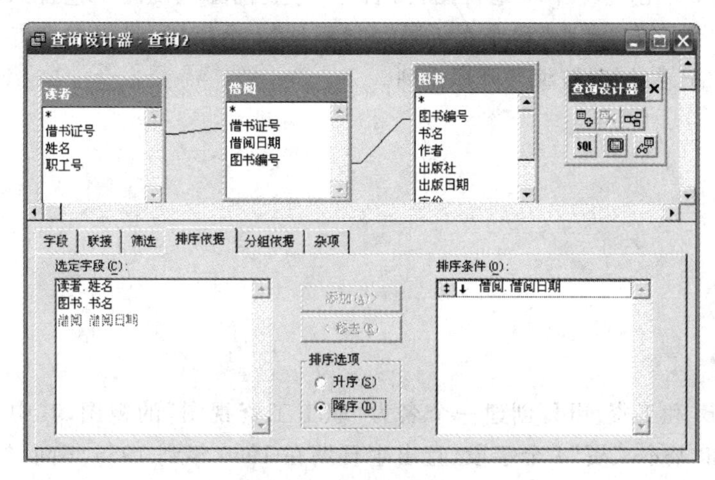

图5-18　添加排序字段

⑦关闭查询设计器，则弹出“另存为”对话框，按要求选择和输入如图5-19所示内容，单击“保存”按钮，返回到系统主菜单。

⑧打开JieShu.qpr文件，通过“查询”→“运行查询”菜单项进入查询浏览窗口；也可以通过“查询”→“查看SQL”菜单项，去查看以上操作由系统自动创建的一条SQL语句，如图5-20所示；还可以通过“查询”→“查询去向”菜单项确定查询结果的输出方式，如图5-21所示。

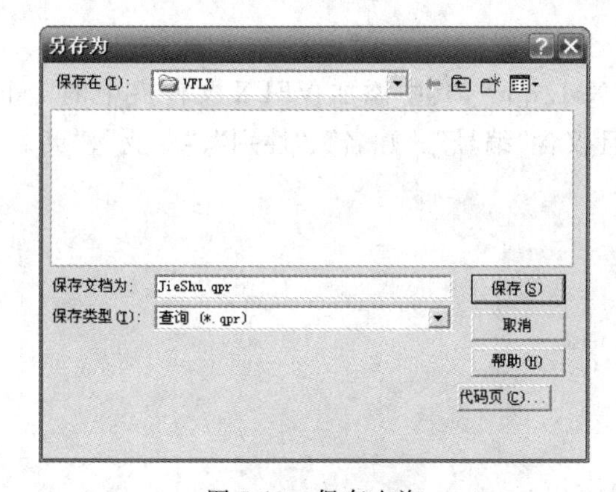

图5-19　保存查询

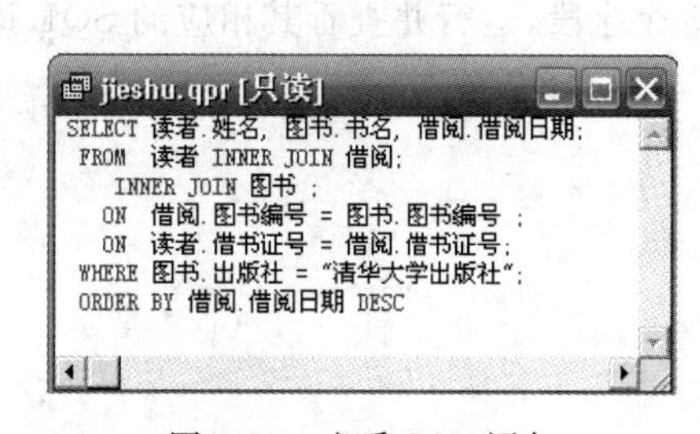

图5-20　查看SQL语句

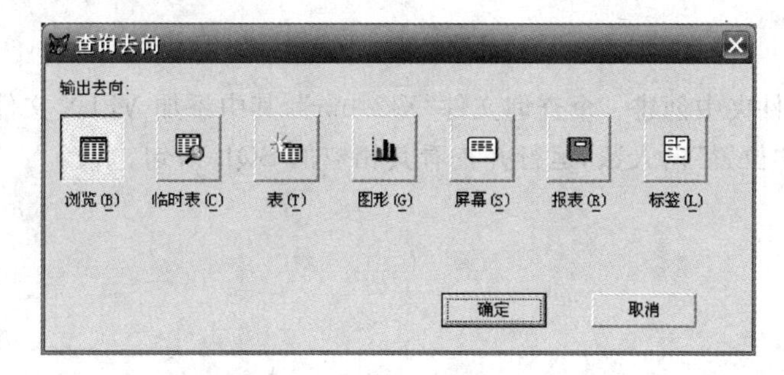

图5-21　选择查询去向

(二)实验操作

1. 在 sjk1. dbc 中创建一个本地视图,命名为“专业视图”,视图中包含 rcda. dbf 和 zytc. dbf 中的“编号”、“姓名”、“专业”、“专业年限”和“职称”5 个字段,且只包含专业年限在 15 年(含 15 年)以上的记录,同时按编号降序排列。

2. 由职工. dbf 和工资. dbf,创建一个名为“职工工资视图”的视图,其中含有“职工号”、“姓名”、“职务”和“基本工资”4 个字段,且出生日期在 1960 年到 1955 年间;然后修改该视图中“基本工资”字段的值,观察相应源表是否随之改变。

3. 在 VFLX 文件夹中创建一个查询文件“Xs1. qpr”,其中添加 VFLX 文件夹中的 rcda. dbf 和 zytc. dbf,输出所有性别为“女”的记录,且仅含“编号”、“姓名”、“性别”、“专业”、“英语水平”5 个字段,运行并查看其相应的 SQL 语句。

4. 在 VFLX 文件夹中创建一个查询文件“Xs2. qpr”,其中添加 VFLX 文件夹中的 man. dbf,查询出该表中各种“位置”的人数,运行并查看其相应的 SQL 语句。

5. 在VFLX文件夹中创建一个查询文件“Xs3. qpr”，其中添加VFLX文件夹中的sp. dbf，输出该表中品名字符长度为“10”的记录，且按零售单价由高到低地显示前10名的各记录的全部信息，运行并查看其相应的SQL语句。

6. 在VFLX文件夹中，由图书. dbf和借阅. dbf创建查询文件。

(1)查询出书被借次数在两次(含两次)以上的图书情况，结果中包含“被借书名”、“出版社”、“被借次数”字段，查询文件名为“Xs4-1. qpr”。

(2)查询出非北京大学出版社的被借图书的书名、借阅日期，按借阅日期升序排列，并且去掉结果中的重复值，查询文件名为“Xs4-2. qpr”。

7. 在 VFLX 文件夹中，由教师.dbf、任课.dbf 和课程.dbf 3 张表创建教师任课情况的查询文件“Xs5.qpr”，条件是所任课的课号的第 2 个字符是“2”，或者所任课的学分是“2”，结果中含有教师的“姓名”、“任课课名”字段。

(三)实验思考

1. 查询与视图有何相同与相异之处？

2. 查询可以更新表中的数据吗？

3. 当视图的浏览窗口打开时，如果修改了相关表的数据，那么视图所浏览的数据会改变吗？

实验 6　SQL 的 SELECT 语句(1)

一、实验目的

掌握使用 SQL 的 SELECT 语句进行单表数据查询的方法。

二、实验内容

命令格式：

SELECT … FROM … [WHERE …][ORDER BY …][GROUP BY …][INTO DBF…]

(一)实验示例

在 VFLX 文件夹中的职工.dbf 表中，进行以下的查询操作。

【例 6-1】 检索出所有职工的姓名和职务。

分析：查询结果中只要求包含“姓名”和“职务”两个字段，因此，需在命令中指出这两个字段名。

方法：

在命令窗口中输入如下命令。

```
SELECT 姓名,职务 FROM 职工
```

结果如图 6-1 所示。

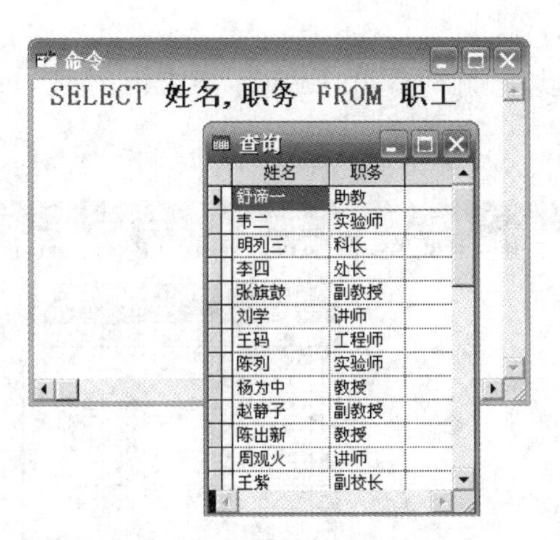

图 6-1　查询命令及结果

【例 6-2】 检索出所有女性职工的信息。

分析：查询结果中只要求包含“性别”字段值为“女”的记录，用 WHERE 子句实现。题目对查询结果中的字段未作特别的规定，即是要求包含所有的字段，可以列出所有字段名，也可以用“*”代表所有字段。

方法：

在命令窗口中输入如下命令。

```
SELECT * FROM 职工 WHERE 性别="女"
```

结果如图 6-2 所示。

命令

SELECT * FROM 职工 WHERE 性别="女"

查询

职工号	姓名	性别	出生日期	职务	工龄	婚否	简历
960416	舒谛一	女	10/02/78	助教	4	F	Memo
940413	刘学	女	07/31/76	讲师	6	F	memo
960418	赵静子	女	07/15/57	副教授	25	T	memo
650907	王紫	女	06/17/47	副校长	35	T	memo
790447	钱进进	女	08/09/61	会计师	21	T	memo
820835	东方遇晓	女	04/03/56	高工	27	T	memo
850305	尚网	女	12/13/63	讲师	19	T	memo
850940	田园风	女	08/09/61	副教授	21	T	memo
701213	高胜寒	女	02/02/53	教授	30	T	memo
701227	黄金芬	女	06/15/52	会计师	30	T	memo
780319	杨春白	女	08/08/59	副教授	23	T	memo
680350	宋歌	女	03/02/51	副教授	32	T	memo
870916	叶明珠	女	06/12/66	讲师	16	F	memo

图 6-2　查询命令及结果

【例 6-3】 检索出所有工龄在 10 年(含 10 年)以下的职工的职工号、姓名、性别、工龄值，并按职工号递增排列。

分析：查询结果中只要求包含工龄在 10 年(含 10 年)以下的职工记录，用 WHERE 子句实现。查询结果中要求按职工号的递增顺序排列，用 ORDER BY 子句实现。查询结果中只要求包含"职工号"、"姓名"、"性别"、"工龄"字段，也需一一指明。

方法：

在命令窗口中输入如下命令。

```
SELECT 职工号,姓名,性别,工龄 FROM 职工 WHERE 工龄<=10 ORDER BY 职工号
```

结果如图 6-3 所示。

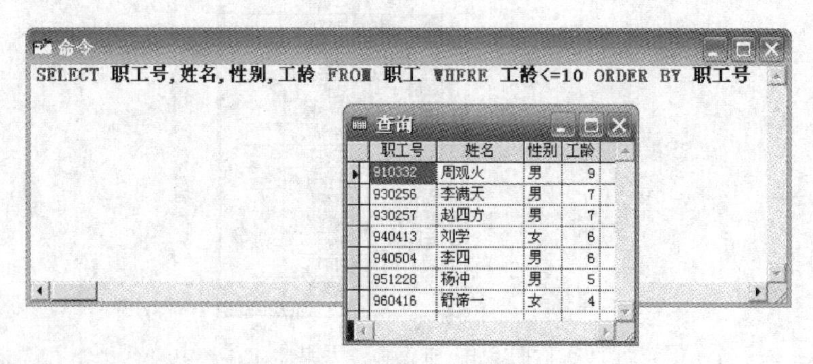

命令

SELECT 职工号,姓名,性别,工龄 FROM 职工 WHERE 工龄<=10 ORDER BY 职工号

查询

职工号	姓名	性别	工龄
910332	周观火	男	9
930256	李满天	男	7
930257	赵四方	男	7
940413	刘学	女	6
940504	李四	男	6
951228	杨冲	男	5
960416	舒谛一	女	4

图 6-3　查询命令及结果

【例 6-4】 统计男、女职工的人数，将查询结果存于包含"性别"和"人数"字段的新表 rs.dbf 中，并查看 rs.dbf。

分析：要分别统计男、女职工的人数，需对"性别"字段进行分组，用 GROUP BY 子句实

现;统计人数,用 COUNT()实现,同时可用“AS 人数”重命名该列的列名。查询结果存放到.dbf 文件中,用 INTO DBF 或 INTO TABLE 子句实现。

方法:首先在命令窗口中输入如下命令。

```
SELECT 性别,COUNT(*)AS 人数 FROM 职工 GROUP BY 性别 INTO DBF rs
```

然后在“数据工作期”对话框中,单击“Rs”,再单击“浏览”按钮,如图 6-4 所示。

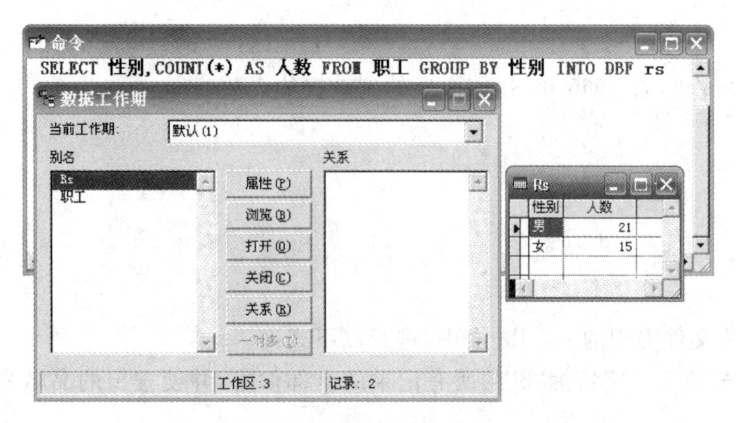

图 6-4 查询命令及结果

(二)实验操作

1. 在 VFLX 文件夹中的职工.dbf 表中,进行以下查询。

(1)检索出所有男教授的姓名,并以“男教授姓名”为字段名显示姓名。

(2)统计各类职务中的女职工人数,只显示“性别”、“职务”和“人数”字段。

(3)检索 1965—1980 年之间出生的女职工的所有信息。

2. 在 VFLX 文件夹中的教师. dbf 表中，进行以下查询。

(1)查询职称中含有“教授”两字的记录的所有字段，并按生日降序排列。

(2)统计 1965 年(含 1965 年)以前出生的副教授的人数。

3. 在 VFLX 文件夹中的 sp. dbf 表中，进行以下查询。

(1)查询货号第 5 个字符为“8”的所有记录的全部信息，并使查出的品名列以“容器商品”为列名。

(2)查询品名为 6 个字符的商品信息。

4. 在 VFLX 文件夹中的图书. dbf 表中，进行以下查询。

(1)检索书名中含有“原理”字样的图书的书名、作者、定价，按定价由低到高排序，并将结果存入 ylts. dbf 文件中。

(2)检索出各出版社出版的图书总数之和,结果中只包含“出版社”和“图书总数”字段。

5. 在 VFLX 文件夹中的学生. dbf 表中,进行以下查询。

(1)检索出男、女生入学成绩的平均成绩,结果中包含两列,以“性别”和“平均成绩”为列名。

(2)检索出男生的贷款和未贷款情况人数。

(三)实验思考

1. 在对指定的表进行查询操作时,需要打开该表吗?

2. 从图书. dbf 中,能否查询出出版了 5 种以上图书的出版社?

3. 通过学生. dbf 和学生其他情况. dbf 两张表,能否查询出学生的学号、姓名、性别、出生日期、籍贯、特长等信息?

实验 7　SQL 的 SELECT 语句(2)

一、实验目的

掌握使用 SQL 的 SELECT 语句进行多表数据查询的方法。

二、实验内容

(一)实验示例

【例 7-1】 由 VFLX 文件夹中的学生.dbf 和学生其他情况.dbf 两张表,查询出学生的学号、姓名、性别、出生日期、籍贯、特长等信息。

分析:学生.dbf 和学生其他情况.dbf 间的联系是通过两表的学号相等而实现的,即使用 WHERE 子句。

方法:

在命令窗口中输入如下命令。

```
SELECT 学生.学号,姓名,性别,出生日期,籍贯,特长;
FROM 学生,学生其他情况;
WHERE 学生.学号=学生其他情况.学号
```

结果如图 7-1 所示。

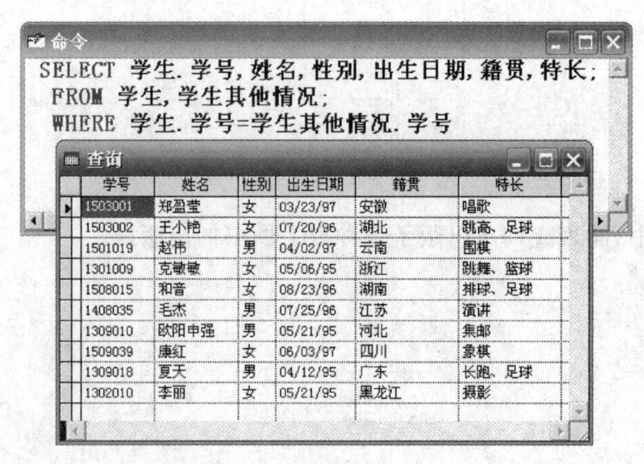

学号	姓名	性别	出生日期	籍贯	特长
1503001	郑盈莹	女	03/23/97	安徽	唱歌
1503002	王小艳	女	07/20/96	湖北	跳高、足球
1501019	赵伟	男	04/02/97	云南	围棋
1301009	克敏敏	女	05/06/95	浙江	跳舞、篮球
1508015	和音	女	08/23/96	湖南	排球、足球
1408035	毛杰	男	07/25/96	江苏	演讲
1309010	欧阳申强	男	05/21/95	河北	集邮
1509039	康红	女	06/03/97	四川	象棋
1309018	夏天	男	04/12/95	广东	长跑、足球
1302010	李丽	女	05/21/95	黑龙江	摄影

图 7-1　查询命令及结果

【例 7-2】 对 VFLX 文件夹中的 rcda.dbf 和 zytc.dbf 两张表,查询显示人数小于等于 3 的职称及各种职称的人数、平均工资,查询去向为表 dbcx2.dbf。

分析:首先两表是通过两表的编号相等作为联接条件的,用 WHERE 子句来实现;其次需按"职称"字段分组,用 GROUP BY 子句来实现;再次用统计的每组的人数小于等于 3 来限定分组必须满足的条件，可以配合 GROUP BY 的 HAVING 子句来实现；最后将查询结果存于表中，用 INTO BDF 或 INTO TABLE 子句实现。

方法：

在命令窗口中输入如下命令。

```
SELECT 职称，COUNT(职称)人数，AVG(工资现状)平均工资；
FROM RCDA，ZYTC；
WHERE RCDA.编号＝ZYTC.编号；
GROUP BY 职称 HAVING COUNT(职称)＜＝3；
INTO DBF dbcx2
```

再通过浏览表 dbcx2.dbf 来查看查询结果，如图 7-2 所示。

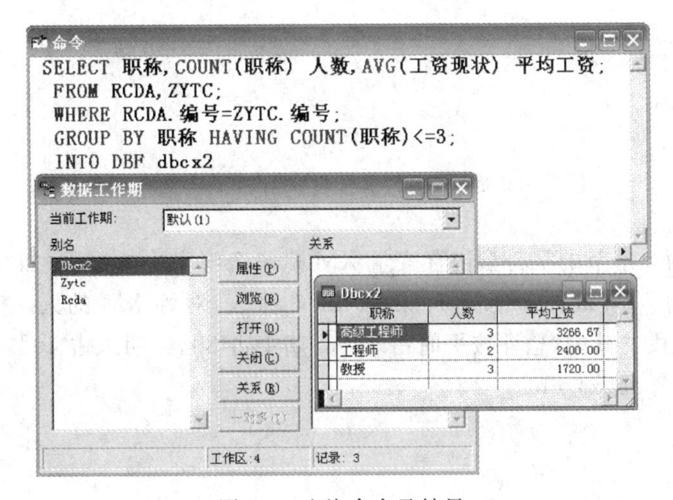

图 7-2　查询命令及结果

(二)实验操作

1. 由 VFLX 文件夹中的读者.dbf、借阅.dbf、图书.dbf 3 张表，完成下列操作。

(1)查询姓名、借阅日期、书名等信息，并且按照借阅日期升序排序。

(2)对姓名中含有“田”的读者，查询其姓名、所借图书的书名、定价。

2. 由 VFLX 文件夹中的教师.dbf、课程.dbf 和任课.dbf 3 张表，查询教授了课程的男教师的姓名和所任课的课程名称，查询结果按姓名降序排列，并且列名为“男教师姓名”和“任课课名”。

3. 由 VFLX 文件夹中的教师.dbf 和任课.dbf 两张表，查询教授了课程的教师的姓名，以及每位教师的任课门数，查询结果中的字段名分别为“姓名”、“任课门数”，查询去向为表 dbcx3.dbf。

4. 先向长度为 2 字节的字符型内存变量 XM 赋一个汉字中的姓氏(如“张”或“王”)，再由 VFLX 文件夹中的学生.dbf、成绩.dbf、课程.dbf 3 张表，对姓 XM 的人，查询其“姓名”、“课名”、“总评”3 个字段。其中，总评按平时占 30%、期中占 30%、期末占 40%计算，并且按课名排序，查询去向为表 dbcx4.dbf。

5. 由 VFLX 文件夹中的图书.dbf 和借阅.dbf 两张表，完成下面操作。

(1)查询被借图书的书名和被借次数。

(2)查询未被借的图书的书名。

6. 由 VFLX 文件夹中的读者. dbf 和借阅. dbf 两张表,完成下面操作。

(1)查询借书多于两次的读者的姓名,查询去向为表 dbcx6-1. dbf。

(2)查询未借书的读者的姓名,显示为"未借书者",查询去向为表 dbcx6-2. dbf。

(三)实验思考

1. 在多表查询中,WHERE 子句能否省略?

2. 由 VFLX 文件夹中的教师. dbf 和任课. dbf 两张表,能否查询出未任课的教师信息?

实验 8　SQL 的数据定义和数据修改

一、实验目的

1. 理解 SQL 的概念与作用。
2. 掌握 SQL 的数据定义和数据修改功能。

二、实验内容

● 定义表结构：

CREATE TABLE 表名 (字段名 1 类型 (长度 [,小数位]))
[,字段名 2 类型 (长度 [,小数位])…]…

● 修改表结构：

ALTER TABLE 表名 ADD|ALTER 字段名 1 类型 [(宽度[,小数位])]…

● 删除表：

DROP TABLE 表名

● 插入记录：

INSERT INTO 表名 [(字段名 1[,字段名 2,…])] VALUES(表达式 1[,表达式 2,…])

● 删除记录：

DELETE FROM 表名 [WHERE 条件表达式]

● 更新：

UPDATE 表名 SET 字段名 1=表达式 1[,字段名 2=表达式 2…][WHERE 条件表达式]

(一)实验示例

【例 8-1】 用 SQL 语句,在 VFLX 文件夹中创建 stu. dbf 文件,其结构如表 8-1 所示。

表 8-1　stu. dbf 的表结构

字段名	类型	宽度	小数位
学号	字符型	6	
姓名	字符型	8	
性别	逻辑型		
出生日期	日期型		
奖学金	数值型	6	2

分析：题目要求新建一个表文件，可使用SQL的定义表命令。

方法：

在命令窗口中输入如下命令。

```
CREATE TABLE stu(学号 C(6),姓名 C(8),性别 L,出生日期 D,奖学金 N(6,2))
```

说明：上述命令执行完毕，stu.dbf以独占方式在最小的可用工作区打开。

【例8-2】 用SQL语句，向stu.dbf表中插入一条记录：990203，杨阳，男，1980年11月5日，200。

分析：题目要求向一个已存在的表中插入记录，可使用SQL的INSERT命令。

方法：

在命令窗口中输入如下命令。

```
INSERT INTO stu(学号,姓名,性别,出生日期,奖学金);
VALUE ("990203","杨阳",.T.,{^1980-11-5},200)
```

说明：执行SQL命令前，不需事先打开表。

【例8-3】 用SQL语句，为stu.dbf表增加一个"专业，C，20"字段。

分析：题目要求给一个已存在的表增加字段，即是修改此表的结构，可使用SQL的修改表结构命令。

方法：

在命令窗口中输入如下命令。

```
ALTER TABLE stu ADD 专业 C(20)
```

【例8-4】 用SQL语句，修改stu.dbf表中"奖学金"字段N(6,2)为N(5,1)，并设置该字段的值不超过800。

分析：题目要求修改一个已存在表的某些字段的属性，即是修改此表的结构，可使用SQL的修改表结构命令。

方法：

①首先创建一个数据库文件，将stu.dbf表添加到该数据库中。

②在命令窗口中输入如下命令。

```
ALTER TABLE stu ALTER 奖学金 N(5,1)CHECK 奖学金<=800;
ERROR "奖学金不能超过800元!"
```

说明：用SQL命令修改表中字段的有效性规则，必须是针对数据库表。

【例8-5】 用SQL语句，将VFLX文件夹中的职工.dbf表中的"职务"字段为"实验师"的记录的"工龄"字段值增1。

分析：题目要求修改表中字段的值，可使用SQL的更新命令。

方法：

在命令窗口中输入如下命令。

```
UPDATE 职工 SET 工龄=工龄+1 WHERE 职务="实验师"
```

说明：用SQL命令更新，只能用来更新单个表中的记录。

【例 8-6】 用 SQL 语句,删除 VFLX 文件夹中的职工.dbf 表中的“陈出新”记录。

分析:题目要求删除表中的记录,可使用 SQL 的删除记录命令。

方法:

在命令窗口中输入如下命令。

```
DELETE FROM 职工 WHERE 姓名="陈出新"
```

说明:用 SQL 命令删除记录,只是逻辑删除,可使用 RECALL 命令取消逻辑删除,也可以使用 PACK 命令进行物理删除。

(二)实验操作

1. 在 VFLX 文件夹中,用 SQL 语句完成以下操作。

(1)建立学生情况.dbf 表,其结构如表 8-2 所示。

表 8-2 学生情况.dbf 的表结构

字段名	类型	宽度	小数位
学号	字符型	7	
姓名	字符型	8	
出生年月	日期型		
身高	数值型	4	2
体重	数值型	4	1
团员否	逻辑型		
备注	备注型		
照片	通用型		

(2)将学生情况.dbf 表的“姓名”字段的宽度改为“12”,“身高”字段改为 N(5,2)。

(3)给学生情况.dbf 表增加字段“地址,C,20”及“邮编,C,6”。

(4)将学生情况.dbf 表的“身高”字段的有效性规则修改为“身高>1.5”,出错信息为“身高必须大于 1.5!”,默认值为“1.7”。

(5)将学生情况.dbf表的“出生年月”字段名改为“出生日期”。

(6)删除学生情况.dbf表的“邮编”字段。

(7)将学生情况.dbf表的“学号”字段设置为主关键字。

2.在VFLX文件夹中,用SQL语句完成以下操作。

(1)向图书.dbf表中添加一条记录(E0020,VFP程序设计教程,梁锐城,科学出版社,2004.4.10.,26,30,2)。

(2)将图书.dbf表中所有定价小于等于10的记录逻辑删除。

(3)将图书.dbf表中所有出版社为“人民教育电子出版社”的记录更新为“电子出版社”。

3.用SQL语句删除VFLX文件夹中的读者2表。

三、实验思考

1. 能否使用 SQL 语句计算出 VFLX 文件夹中的 xscjpd. dbf 表中的“总分”字段的值?

2. 使用 SQL 语句插入记录时,新记录会放在表中的什么位置?当插入一条完整的记录时,可省略字段名,那么 VALUES 中的字段值的顺序要与表结构的顺序一致吗?

实验9　顺序结构与选择结构

一、实验目的

1. 熟悉程序文件的建立、修改和执行的操作方法。
2. 掌握基本输入与输出命令的使用方法。
3. 理解和掌握顺序结构程序的分析与编写方法。
4. 理解和掌握单分支、双分支、多分支选择结构程序的编写、调试与运行方法。
5. 掌握选择嵌套结构的编写、调试与运行方法。

二、实验内容

(一)实验示例

注意:请先将 VFLX 文件夹设置为默认目录,再完成实验内容。

【例 9-1】　读程序写结果。

(1)打开 VFLX 文件夹中的程序文件 Sy9_1_1. prg,读程序写结果。

方法:

①在 Visual FoxPro 的命令窗口中输入如下命令。

```
MODIFY COMMAND Sy9_1_1                && 打开 VFLX 文件夹中的程序文件 Sy9_1_1
```

程序如下。

```
SET TALK OFF
CLEAR
S="Visual Foxpro"
INPUT "请输入要抽出第几个字符:" TO X
?SUBSTR(S,X,1)                        && 从字符串中取出第 X 个字符
SET TALK ON
```

②在 Visual FoxPro 的命令窗口中输入如下命令。

```
DO Sy9_1_1
```

③在主窗口中的光标处输入数值“8”。

④在主窗口中查看程序运行结果。

(2)打开 VFLX 文件夹中的程序文件 Sy9_1_2. prg,读程序写结果。

方法:

①在 Visual FoxPro 的命令窗口中输入如下命令。

```
MODIFY COMMAND Sy9_1_2
```

程序如下。

```
SET TALK OFF
CLEAR
INPUT "请输入出生年份:" To Y
SELECT 姓名,性别,生日,职称 FROM 教师 WHERE YEAR(生日)=Y
CLOSE ALL
SET TALK ON
```

②在 Visual FoxPro 的命令窗口中输入如下命令。

```
DO Sy9_1_2
```

③在主窗口中的光标处输入数值“1970”。

④在主窗口中查看程序运行结果。

(3)打开 VFLX 文件夹中的程序文件 Sy9_1_3. prg,读程序写结果。

方法:

①在 Visual FoxPro 的命令窗口中输入如下命令。

```
MODIFY COMMAND Sy9_1_3
```

程序如下。

```
SET TALK OFF
CLEAR
USE 学生
INDEX ON 专业+STR(入学成绩,5,2)TO ZYCJ
ACCEPT "请输入专业名称:" TO ZY
SEEK ZY                  && 查找专业
IF FOUND()               && 如果找到,就显示对应专业入学成绩最低的学生姓名和入学成绩
  ?姓名,"入学成绩:",入学成绩
ELSE                     && 如果找不到,就执行下一条语句
  ? "没有此专业学生!"
ENDIF
USE
SET TALK ON
```

②在 Visual FoxPro 的命令窗口中输入如下命令。

```
DO Sy9_1_3
```

③在主窗口中的光标处输入字符串“计算机”。

④在主窗口中查看程序运行结果。

【例 9-2】 程序改错。

(1)打开 VFLX 文件夹中的程序文件 Sy9_2_1. prg,该程序通过键盘输入语句给出两直角边 A 和 B,求斜边 C 的长。该程序有错,请修改 FOUND!下的语句,不要增删程序行或改动非指定处的内容。

分析:

①第 1 个错误:WAIT 语句只能输入单个字符,INPUT 语句可以输入数值。WAIT 应改

为 INPUT。

②第 2 个错误：表达式的左边不能为表达式。表达式应改写为“C＝SQRT(A^2＋B^2)”或“C＝SQRT(A * A＋B * B)”。

方法：

①在 Visual FoxPro 的命令窗口中输入如下命令。

```
MODIFY COMMAND Sy9_2_1
```

程序如下。

```
SET TALK OFF
* * * * * * * * * * * FOUND! * * * * * * * * * * *
WAIT "输入直角边 A 的长：" TO A
INPUT "输入直角边 B 的长：" TO B
* * * * * * * * * * * FOUND! * * * * * * * * * * *
C * * 2=A * * 2+B * * 2
? "斜边 C 的长为：", C
SET TALK ON
RETURN
```

②修改错误之处。

③保存程序。

④在 Visual FoxPro 的命令窗口中输入如下命令。

```
DO Sy9_2_1
```

⑤在主窗口中查看程序运行结果。

(2)打开 VFLX 文件夹中的程序文件 Sy9_2_2.prg，该程序先显示 rcda 表中所有党员记录，然后输入“GZ”，显示编号的开头字母是 GZ 的记录。该程序有错，请修改 FOUND!下的语句，不要增删程序行或改动非指定处的内容。

分析：

①第 1 个错误：rcda 表中使用逻辑型字段“党员否”来表示职工是否为党员，查询条件应该为“党员否＝.T.”或“党员否”。

②第 2 个错误：ACCEPT 语句的格式应该为“ACCEPT [<字符表达式>] TO <内存变量>”。

③第 3 个错误：取编号的左边两位，函数应该为“LEFT(编号,2)”。

方法：

①在 Visual FoxPro 的命令窗口中输入如下命令。

```
MODIFY COMMAND Sy9_2_2
```

程序如下。

```
CLEAR
CLOSE TABLE ALL
* * * * * * * * * * * FOUND! * * * * * * * * * * *
```

```
SELECT * FROM RCDA WHERE 党员
MESSAGEBOX("确定后输入 GZ,浏览编号为 GZ 开头的记录")
* * * * * * * * * * *FOUND! * * * * * * * * * * *
ACCEPT "请输入编号的开头字母(GZ):",N
* * * * * * * * * * *FOUND! * * * * * * * * * * *
BROWSE FOR LEFT(编号,1,2)=N
CLOSE TABLE ALL
```

②修改错误之处。

③保存程序。

④在 Visual FoxPro 的命令窗口中输入如下命令。

```
DO Sy9_2_2
```

⑤在主窗口中查看程序运行结果。

【例 9-3】 编写程序。

要求当程序运行时，从键盘输入学生的学号给变量 xh，在 Xscjpd 表中根据输入的学号找到相应学生，并显示其外语成绩及相应的成绩等级。如果外语≥90，等级为优秀；70≤外语<90，等级为良好；60≤外语<70，等级为及格；外语<60，等级为不及格。

分析：欲根据输入的考试成绩显示相应的等级，是一个多分支判断问题。

方法 1：

用 IF…ELSE…ENDIF 嵌套结构编程解决该问题，程序文件名为"Sy9_3_1.prg"。

参考步骤如下。

①在 Visual FoxPro 的命令窗口中输入如下命令。

```
MODIFY COMMAND Sy9_3_1
```

②在出现的程序编辑窗口里，输入如下程序代码。

```
SET TALK OFF
CLEAR
ACCEPT "请输入学生的学号:" TO xh
USE XSCJPD
LOCATE FOR 学号=XH
IF FOUND()
  IF 外语>=90
    ? 姓名+"同学 外语成绩:"+STR(外语,4,1)+" 等级:优秀"
  ELSE
    IF 外语>=70
      ? 姓名+"同学 外语成绩:"+STR(外语,4,1)+" 等级:良好"
    ELSE
      IF 外语>=60
        ? 姓名+"同学 外语成绩:"+STR(外语,4,1)+" 等级:及格"
      ELSE
        ? 姓名+"同学 外语成绩:"+STR(外语,4,1)+" 等级:不及格"
```

```
      ENDIF
    ENDIF
  ENDIF
ELSE
  ?"该学号不存在!"
ENDIF
USE
SET TALK ON
```

③保存程序。

④在 Visual FoxPro 的命令窗口中输入如下命令。

```
DO Sy9_3_1
```

⑤在主窗口中查看程序运行结果。

方法2:

用 DO CASE…ENDCASE 多分支选择结构编程解决该问题,程序文件名为“Sy9_3_2.prg”。

参考步骤如下。

①在 Visual FoxPro 的命令窗口中输入如下命令。

```
MODIFY COMMAND Sy9_3_2
```

②在出现的程序编辑窗口里,输入如下程序代码。

```
SET TALK OFF
CLEAR
ACCEPT "请输入学生的学号:" TO xh
USE XSCJPD
LOCATE FOR 学号=XH
IF FOUND()
  DO CASE
    CASE 外语>=90
      ?姓名+"同学 外语成绩:"+STR(外语,4,1)+" 等级:优秀"
    CASE 外语>=70
      ?姓名+"同学 外语成绩:"+STR(外语,4,1)+" 等级:良好"
    CASE 外语>=60
      ?姓名+"同学 外语成绩:"+STR(外语,4,1)+" 等级:及格"
    OTHERWISE
      ?姓名+"同学 外语成绩:"+STR(外语,4,1)+" 等级:不及格"
  ENDCASE
ELSE
  ?"该学号不存在!"
ENDIF
USE
SET TALK ON
```

③保存程序。

④在 Visual FoxPro 的命令窗口中输入如下命令。

```
DO Sy9_3_2
```

⑤在主窗口中查看程序运行结果。

(二)实验操作

1. 完成程序。程序 Sy9_4. prg 是通过键盘输入 3 个数,对这 3 个数按升序排序输出。

```
SET TALK OFF
CLEAR
INPUT "请输入第 1 个数:" TO A
INPUT "请输入第 2 个数:" TO B
INPUT "请输入第 3 个数:" TO C
STORE 0 TO T
  IF A>B
    T=A
    A=B
    B=T
  ENDIF
* * * * * * 请完成下列程序 * * * * *
  ……
  ……
? "3 个数从小到大排序为:",A,B,C
SET TALK ON
```

2. 读以下程序(Sy9_5. prg),指出该程序的运行结果是什么? 在 Visual FoxPro 中执行该程序,检查程序运行结果与你设想的是否一致。

```
SET TALK OFF
CLEAR
USE 学生
INDEX ON 入学成绩 TAG CJ DESC
GO TOP
DISPLAY
USE
SET TALK ON
```

3. 编写程序。对 SP 表,输入货号,显示品名、零售单价,再输入购买件数,求出总价。

4. 编写程序。输入一个正整数,当为偶数时,求其立方;当为奇数时,求其平方。

5. 编写程序。由键盘输入一个整数(1~7),在屏幕上对应输出用英文表示的星期:Mon,Tue,Wed,Thu,Fri,Sat,Sun。

6. 读程序 Sy9_6. prg 并填空。该程序在商品表中根据用户输入的货号查找商品,找到商品后先显示商品信息,并由用户按 Y 或 N 键确定对商品零售单价是否进行修改。如果对商品信息进行修改,修改后显示修改后的商品信息。

```
CLEAR
SET TALK OFF
USE SP
ACCEPT "请输入货号:" TO HH
LOCATE FOR 货号=HH
IF ___(1)___
  DISPLAY
  ___(2)___ "修改/退出(Y/N)?" TO T
  IF UPPER(T)="Y" THEN
    INPUT "请输入零售单价:" TO PRICE
    ___(3)___
    ?"已修改! 修改后的单价为:"
    DISPLAY
  ELSE
    ?"暂未修改!"
```

```
  ENDIF
ELSE
  ?"未找到商品!"
ENDIF
USE
SET TALK ON
```

(三)实验思考

1. 在例 9-1 第(1)小题中,能否将“INPUT "请输入要抽出第几个字符:" TO X”语句中的 INPUT 改为 ACCEPT,为什么?

2. 如果一个多分支判断问题需要实现 6 个分支,用 IF…ELSE…ENDIF 嵌套结构编程解决该问题,至少需要几个 IF 语句嵌套?用 DO CASE…ENDCASE 多分支选择结构实现,至少需要几个 CASE 语句?

3. 如果在多分支选择结构中,DO CASE 语句和第一个 CASE 语句之间还有一些语句,这些语句会执行吗?

实验10 循环结构

一、实验目的

1. 熟悉和掌握循环结构程序的编写、调试与运行。
2. 掌握3种循环结构语句的用法。
3. 理解LOOP和EXIT语句的功能。

二、实验内容

(一)实验示例

【例10-1】 编写程序,求1～100之间的偶数之和。

方法1:

用DO WHILE…ENDDO循环编写程序,程序文件名为"Sy10_1_1.prg"。

参考步骤如下。

①在命令窗口中输入如下命令。

```
MODIFY COMMAND Sy10_1_1
```

②在出现的程序编辑窗口里,输入如下程序代码。

```
CLEAR
Sum=0
i=2
DO WHILE i<=100
  Sum=Sum+i
  i=i+2
ENDDO
?"1-100之间的偶数和是:",Sum
RETURN
```

③保存程序。

④在Visual FoxPro的命令窗口中输入如下命令。

```
DO Sy10_1_1
```

⑤在主窗口中查看程序运行结果。

方法2:

用FOR…ENDFOR循环编写程序,程序文件名为"Sy10_1_2.prg"。

①在Visual FoxPro的命令窗口中输入如下命令。

```
MODIFY COMMAND Sy10_1_2
```

②在出现的程序编辑窗口里，输入如下程序代码。

```
CLEAR
Sum=0
FOR i=2 TO 100 STEP 2
    Sum=Sum+i
ENDFOR
?"1-100之间的偶数和是:",Sum
RETURN
```

③保存程序。

④在 Visual FoxPro 的命令窗口中输入如下命令。

```
DO Sy10_1_2
```

⑤在主窗口中查看程序运行结果。

【例 10-2】 读程序写结果。

(1)打开 VFLX 文件夹中的程序文件 Sy10_2_1.prg，读程序写结果。

方法：

①在 Visual FoxPro 的命令窗口中输入如下命令。

```
MODIFY COMMAND Sy10_2_1                && 打开 VFLX 文件夹中的程序文件 Sy10_2_1
```

程序如下。

```
SET TALK OFF
CLEAR
S="reward"
T=""
L=LEN(S)                               && 计算字符串的长度
FOR I=1 TO L
  T=T+SUBSTR(S,L-I+1,1)                && 从右向左依次从字符串中取出一个字符
NEXT I
?"处理前:",S
?"处理后:",T
SET TALK ON
```

②在 Visual FoxPro 的命令窗口中输入如下命令。

```
DO Sy10_2_1
```

③在主窗口中查看程序运行结果。

(2)打开 VFLX 文件夹中的程序文件 Sy10_2_2.prg，读程序写结果。

方法：

①在 Visual FoxPro 的命令窗口中输入如下命令。

```
MODIFY COMMAND Sy10_2_2                && 打开 VFLX 文件夹中的程序文件 Sy10_2_2
```

程序如下。

```
SET TALK OFF
CLEAR
USE 学生
INDEX ON 入学成绩 DESC tag ZYCJ
FOR i=1 TO 3
  ?"第"+STR(i,1)+"名:",姓名,"入学成绩:",入学成绩
  SKIP
NEXT I
USE
SET TALK ON
```

②在 Visual FoxPro 的命令窗口中输入如下命令。

```
DO Sy10_2_2
```

③在主窗口中查看程序运行结果。

【例 10-3】 编写程序,用以下公式计算 π 的近似值,直到最后一项的值小于 10^{-6} 为止。

公式:

$$\pi/8=1/(1\times3)+1/(5\times7)+1/(9\times11)+\cdots$$

分析:内存变量 i 为循环控制变量,根据公式可知,其初值为 1,每循环一次,i 的值加 4;内存变量 T 依次存放各项的值,各项值为"1/(i*(i+2))";内存变量 S 存放各项累加和。

方法:

该程序清单如下,请自行调试和运行。

```
SET TALK OFF
CLEAR
T=1
i=1
S=0
DO WHILE T>10^-8
  T=1/(i*(i+2))
  S=S+T
  i=i+4
ENDDO
P=S*8
?"PI 的值为:",P
SET TALK ON
```

【例 10-4】 请完成 Sy10_4.prg 程序,该程序的功能是:统计成绩.dbf 表中所有学生的期末成绩大于等于 90、90~80、80~70、70~60、小于 60 分等各分数段的人数。

```
SET TALK OFF
CLEAR
```

```
STORE 0 TO X9,X8,X7,X6,X5
USE 成绩
DO WHILE ___(1)___
  ___(2)___
  CASE 期末>=90
    X9=X9+1
  CASE 期末>=80 AND 期末<90
    X8=X8+1
  CASE 期末>=70 AND 期末<80
    X7=X7+1
  CASE 期末>=60 AND 期末<70
    X6=X6+1
  CASE 期末<60
    X5=X5+1
  ENDCASE
  ___(3)___
ENDDO
?"期末成绩>=90 分的人次数:",X9
?"期末成绩>=80 分的人次数:",X8
?"期末成绩>=70 分的人次数:",X7
?"期末成绩>=60 分的人次数:",X6
?"期末成绩<60 分的人次数:",X5
USE
SET TALK ON
```

分析：

①第(1)空应为“NOT EOF()”，是循环控制条件。DO WHILE …ENDDO 循环语句开始时，记录指针指向第一条记录。当记录指针没有指向文件尾，即循环控制条件为真时，对这条记录进行处理。

②第(2)空应为“DO CASE”，是 CASE 语句结构的入口。

③第(3)空应为“SKIP”。在 DO WHILE …ENDDO 循环中需要对表中的记录逐条进行判断，每执行一次循环，就需要使用 SKIP 语句将记录指针向下移动一条记录，否则循环是一个死循环。

方法：

①在命令窗口中输入如下命令。

```
MODIFY COMMAND Sy10_4
```

②在程序编辑窗口中，将(1)处下划线改为“NOT EOF()”，将(2)处下划线改为“DO CASE”，将(3)处下划线改为“SKIP”。

③保存程序。

④在 Visual FoxPro 的命令窗口中输入如下命令。

```
DO Sy10_4
```

⑤在主窗口中查看程序运行结果。

【例10-5】 编写一个循环结构程序,功能为:用户从键盘输入职务名称,计算职工表中该职务所有职工的平均年龄。

方法1:

用DO WHILE…ENDDO结构解决问题。使用变量*Y*存放职工年龄之和,使用变量*I*存放职工人数之和。程序文件名为"Sy10_5_1.prg"。

参考步骤如下。

①在命令窗口中输入如下命令。

```
MODIFY COMMAND Sy10_5_1
```

②在出现的程序编辑窗口里,输入如下程序代码。

```
SET TALK OFF
CLEAR
ACCEPT "请输入职务名称:" TO ZW
Y=0
I=0
USE 职工
LOCATE FOR 职务=ZW                    && 查找职务为 ZW 的职工
DO WHILE FOUND()
  Y=Y+YEAR(DATE())-YEAR(出生日期)
  I=I+1
  CONTINUE                            && 查找下一个职务为 ZW 的职工
ENDDO
AVG_Y=INT(Y/I)
IF I>0 THEN
  ? ZW+"的平均年龄为:",AVG_Y
ELSE
  ? "未查询到该职务!"
ENDIF
USE
SET TALK ON
```

③保存程序。

④在Visual FoxPro的命令窗口中输入如下命令。

```
DO Sy10_5_1
```

⑤在主窗口中查看程序运行结果。

方法2:

用SCAN…ENDSCAN结构解决问题。使用变量*Y*存放职工年龄之和,使用变量*I*存放职工人数之和。程序文件名为"Sy10_5_2.prg"。

参考步骤如下。

①在命令窗口中输入如下命令。

```
MODIFY COMMAND Sy10_5_2
```

②在出现的程序编辑窗口里，输入如下程序代码。

```
SET TALK OFF
CLEAR
ACCEPT "请输入职务名称:" TO ZW
Y=0
I=0
USE 职工
SCAN FOR 职务=ZW
  Y=Y+YEAR(DATE())-YEAR(出生日期)
  I=I+1
ENDSCAN
AVG_Y=INT(Y/I)
IF I>0 THEN
  ?ZW+"的平均年龄为:",AVG_Y
ELSE
  ? "未查询到该职务!"
ENDIF
USE
SET TALK ON
```

③保存程序。

④在 Visual FoxPro 的命令窗口中输入如下命令。

```
DO Sy10_5_2
```

⑤在主窗口中查看程序运行结果。

(二)实验操作

1. 请读程序 Sy10_6. prg 后填空，使该程序完成逐条显示 1982 年出生的学生记录的功能。

```
SET TALK OFF
CLEAR
USE 学生
LOCATE FOR ___(1)___
DO WHILE ___(2)___
  DISPLAY
  WAIT                    && 暂停,按任意键继续
  ___(3)___               && 与 LOCATE 配套使用,继续查找满足条件的记录
ENDDO
USE
SET TALK ON
```

2. 读程序 Sy10_7. prg，指出该程序的功能是什么。

```
SET TALK OFF
CLEAR
```

```
USE 职工
STORE 0 TO M,W
LOCATE FOR LEFT(职工号,1)= "9"
DO WHILE FOUND()
  IF 性别="男"
    M=M+1
  ELSE
    W=W+1
  ENDIF
  CONTINUE
ENDDO
?"男职工人数:",M
?"女职工人数:",W
USE
SET TALK ON
```

3.读程序 Sy10_8.prg(计算 $T=1!+2!+\cdots+10!$ 的值),请列表分析程序中各变量在程序运行中的变化情况。

```
SET TALK OFF
CLEAR
T=0
P=1
FOR I=1 TO 10
  P=P*I
  T=T+P
ENDFOR
?'T=',T
SET TALK ON
```

提示:

通过循环语句 FOR…ENDFOR 将命令"P=P*I"重复执行10次。每次执行循环体时,I 的值依次取1,2,3,…,10;每次执行循环体后,P 的值依次为1!,2!,…,10!。

命令"T=T+P"是将每次执行产生的阶乘累加起来。

4.请修改程序 Sy10_9.prg 中的错误。该程序的功能是求数列1/2,3/4,5/8,7/16,…的前10项之和,结果显示到小数点后第10位。

```
SET TALK OFF
S=0
N=1
```

```
**********FOUND**********
D=1
I=1
DO WHILE I<=10
  S=S+N/D
  N=N+2
**********FOUND**********
  D=D*D
**********FOUND**********
  SKIP
ENDDO
?"数列 1/2,3/4,5/8,7/16,…的前 10 项之和:"+STR(S,14,10)
SET TALK ON
```

5. 字符串“AaBbCcDdEe”由大写字母和小写字母交替组合而成，程序 Sy10_10.prg 的功能是把该字符串分成两个字符串“ABCDE”和“abcde”。请填空完成程序，使之能正确运行。

```
SET TALK OFF
X="AaBbCcDdEe"
CLEAR
STORE __(1)__                            && 给 S1 和 S2 字符串赋初值
N=1
DO WHILE N<10
  S1=S1+SUBSTR(X,N,1)
  S2=__(2)__
  N=__(3)__
ENDDO
?"X:",X
?"S1:",S1
?"S2:",S2
SET TALK ON
```

6. 编写一个程序，用以下公式计算 π 的近似值，直到最后一项的值小于 10^{-6} 为止。公式为“π/4=1−1/3+1/5−1/7+1/9−1/11+…”。

7. 分别使用 DO WHILE…ENDDO 结构和 SCAN…ENDSCAN 结构编写程序，将 rcda.dbf 中所有男职工的津贴修改为工资现状的 20%，所有女职工的津贴修改为工资现状的 30%。

(三)实验思考

1. 在 DO WHILE…ENDDO 循环结构中，EXIT 命令和 LOOP 命令的作用分别是什么？它们有什么区别？

2. 对于实验操作第 2 题中的程序 Sy10_7.prg，如果要使用 SCAN…ENDSCAN 结构实现，哪些地方需要修改？

实验 11 表单设计(1)

一、实验目的

1.熟练掌握使用表单设计器建立表单的基本操作方法。

2.熟练掌握表单的修改、运行及保存方法。

3.熟练掌握表单属性的设置方法。

4.熟练掌握标签、文本框、命令按钮控件的使用方法。

5.掌握表单中数据环境的设定和使用方法。

6.掌握表格控件的使用方法。

二、实验内容

(一)实验示例

【例 11-1】 新建一个表单文件 MyFirst.scx,设置表单的标题为“欢迎使用——我的第一个表单”,在表单上添加一个“退出”命令按钮用于释放表单并退出,运行该表单。

分析:将“表单控件”工具栏上相应的按钮添加到表单上,更改控件的相关属性,编写代码,完成表单功能。

方法:

①新建表单。选择“文件”→“新建”菜单项,在打开的“新建”对话框中选择“表单”单选按钮,单击“新建文件”按钮,打开表单设计器,同时弹出“表单控件”工具栏和“属性”窗口。

②设置属性。在“属性”窗口的“全部”(或“布局”)选项卡下选中“Caption”属性,将如图 11-1 所示的“Caption”属性的“Form1”值(默认值)改为如图 11-2 所示的“欢迎使用——我的第一个表单”。

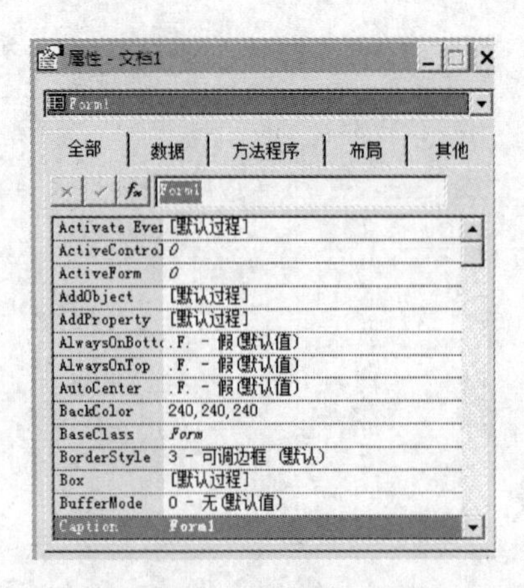

图 11-1 “属性”窗口(1)

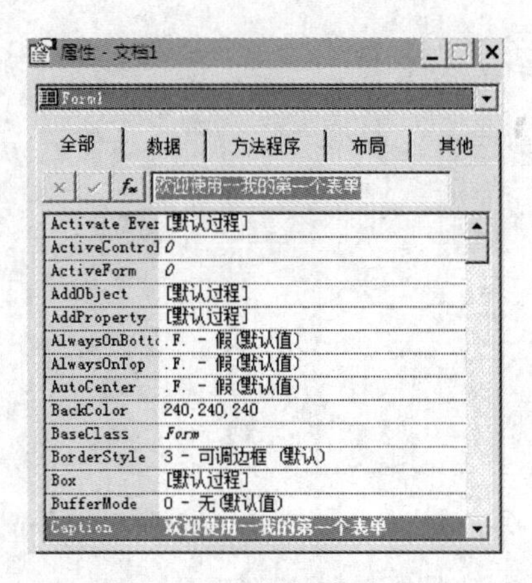

图 11-2 “属性”窗口(2)

③添加命令按钮。用鼠标单击“表单控件”工具栏中的“命令按钮”按钮，然后在空白表单中的适当位置拖曳出一个矩形，即在该表单中加入了一个命令按钮对象，修改命令按钮对象的“Caption”属性为“结束”，如图 11-3 所示。

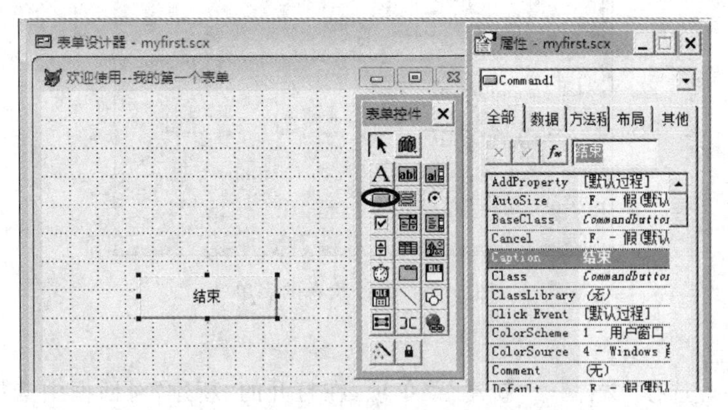

图 11-3　添加命令按钮

④编写代码。双击“结束”命令按钮后，出现代码窗口，确定对象为“Command1”，过程为“Click”，输入语句“ThisForm. Release”，如图 11-4 所示。

图 11-4　代码窗口

⑤保存表单。保存表单有下列两种方法。

● 关闭表单设计器，单击“是”按钮，在弹出的“另存为”对话框的“保存表单为”文本框中输入“MyFirst. scx”，单击“保存”按钮，保存并关闭表单。

● 选择“文件”→“保存”菜单项，输入表单名，单击“保存”按钮，保存表单并保持表单打开状态。

⑥运行表单。运行表单有下列几种方法。

● 选择“文件”→“打开”菜单项，打开表单文件 MyFirst. scx，再选择“表单”→“执行表单”菜单项，即运行 MyFirst. scx，或单击“常用”工具栏上的“运行”按钮，或用快捷键 Ctrl＋E。

● 表单文件 MyFirst. scx 未打开时，直接选择“程序”→“运行”菜单项，打开“运行”对话框。在“文件类型”下拉列表框中选择“表单”后，选择 MyFirst. scx，运行表单。

● 命令窗口中执行命令“Do Form MyFirst”运行 MyFirst. scx。

【例 11-2】 设计一个含有 6 个标签、5 个文本框和 2 个命令按钮的表单 MySecond. scx，对数据表 sp. dbf，输入货号，单击“显示商品”命令按钮，则显示此货号所对应的品名和零售单价的值，再输入购买件数，单击“计算总价”命令按钮，则求出总价并显示。表单如图 11-5 所示。

分析：通过“表单控件”工具栏上相应的按钮将标签、文本框与命令按钮添加到表单上，通过更改控件的相关属性，达到如图 11-5 所示的效果，然后编写代码。

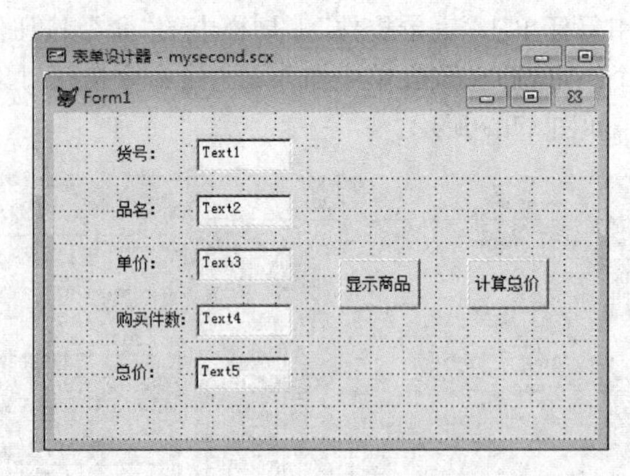

图 11-5　设计状态的表单

方法：

①新建文件。选择“文件”→“新建”菜单项，在打开的“新建”对话框中选择“表单”单选按钮，单击“新建文件”按钮，打开表单设计器，同时弹出“表单控件”工具栏和“属性”窗口。

②加入对象。单击“表单控件”工具栏中的“标签”按钮，然后在空白表单中的适当位置拖曳出一个矩形，即在该表单中加入了标签对象 Label1。

修改标签对象 Label1 的“Caption”属性为“货号：”，同时还可以修改其“FontName”、“FontSize”等属性，从而设置标题 Caption 的字体与字号。

按要求为表单加入其他对象并根据如表 11-1 所示设置各控件的相关属性。

表 11-1　控件属性设置表

控件名称	属性名	设置值
Label1	Caption	货号：
Label2	Caption	品名：
Label3	Caption	单价：
Label4	Caption	购买件数：
Label5	Caption	总价：
Label6	Caption	
Command1	Caption	显示商品
Command2	Caption	计算总价

③编写代码。

● 在 Form1. Load 代码窗口输入下列代码。

```
Use sp                                    && 表单加载时打开表 sp. dbf
```

● 在 Command1. Click 代码窗口输入下列代码。

```
hh=AllTrim(ThisForm. Text1. Value)        && AllTrim()去除前后空格
Locate For 货号==hh                       && 根据输入货号查找相应记录
If Found()=.t.
   ThisForm. Text2. Value=品名
```

```
  ThisForm.Text3.Value=零售单价
Else
  ThisForm.Label6.Caption="无此商品,请重新输入"
  ThisForm.Text1.Value=""              && Text1 清空
  ThisForm.Text1.SetFocus              && 将光标定位在 Text1
EndIf
```

● 在 Command2.Click 代码窗口输入下列代码。

```
j=Val(ThisForm.Text4.Value)            && Val()将字符型转换为数值型数据
ThisForm.Text5.Value=j*零售单价
```

● 在 Form1.Unload 代码窗口输入下列代码。

```
Use                                    && 表单卸载时关闭表 sp.dbf
```

④保存表单。保存表单,文件名为"MySecond.scx"。

⑤运行表单。在文本框 Text1 中输入货号"100101",单击"显示商品"命令按钮,出现品名和单价;在文本框 Text4 中输入件数"4",单击"计算总价"命令按钮,得到商品总价,如图 11-6 所示。

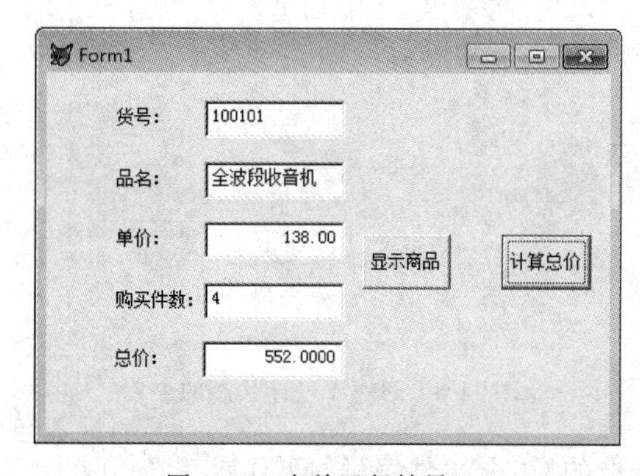

图 11-6　表单运行结果(1)

在文本框 Text1 中输入 sp 表中并不存在的货号"100100",单击"显示商品"命令按钮,标签 label6 出现"无此商品,请重新输入"的提示,如图 11-7 所示。

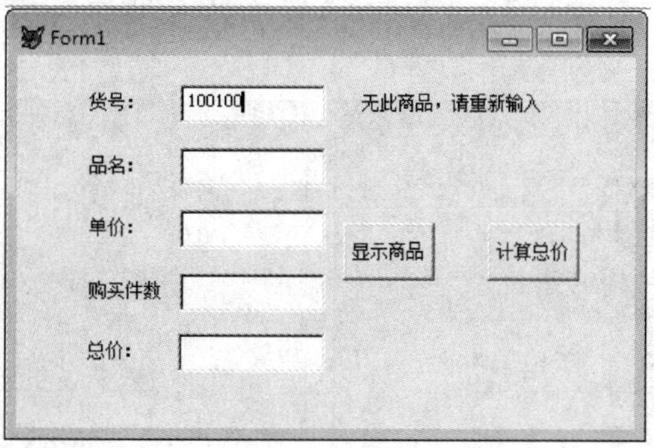

图 11-7　表单运行结果(2)

(二)实验操作

1. VFLX 文件夹中的 11-1. scx 是一个检查输入口令的表单,口令设置为“HAPPY”,允许用户输入 3 次口令。如果前两次错误,则显示“口令错,请重新输入口令!”;如果第 3 次错误,则显示“对不起,您无权使用本系统!”,并禁止再次输入口令;如果口令正确,则显示“欢迎使用本系统!”。

(1)打开表单文件 11-1. scx,根据表 11-2 设置各控件的属性,结果如图 11-8 所示。

表 11-2　控件属性设置表

控件名称	属性名	设置值
Label1	Caption	请输入口令：
Label2	Caption	
Command1	Caption	确定
Command2	Caption	关闭

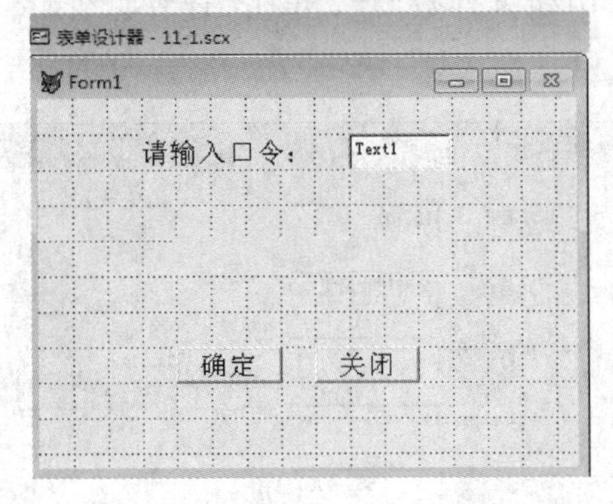

图 11-8　习题 1 设计状态的表单

(2)给控件 Command2 的 Click 事件编写如下代码。

```
ThisForm.Release
```

(3)运行该表单,验证各种情况下能否正确运行,结果如图 11-9 所示。

(4)如果欲使输入的口令以“*”覆盖,需修改文本框控件的 PasswordChar 属性值为“*”。

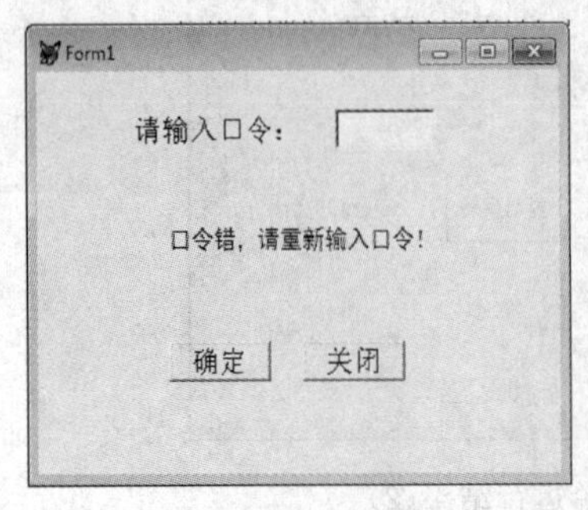

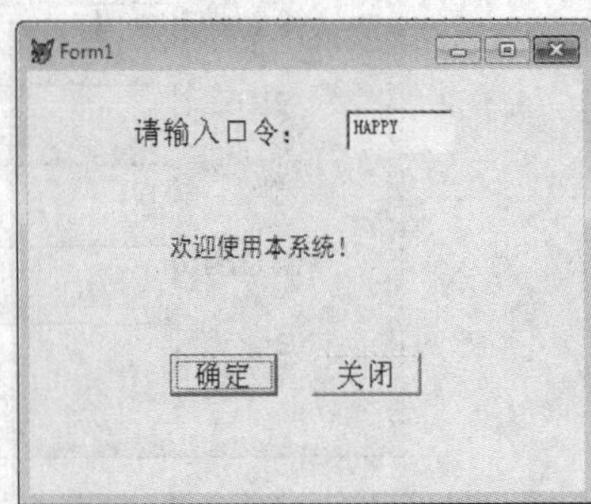

图 11-9　习题 1 运行状态的表单

2. 新建一个如图 11-10 所示的含有 4 个对象的表单文件 11-2. scx（提示：修改标签和命令按钮对象的"Caption"属性、文本框对象的"Value"属性、表格对象的"Name"属性；还可以修改"FontName"、"FontSize"等属性设置字体和字号）。

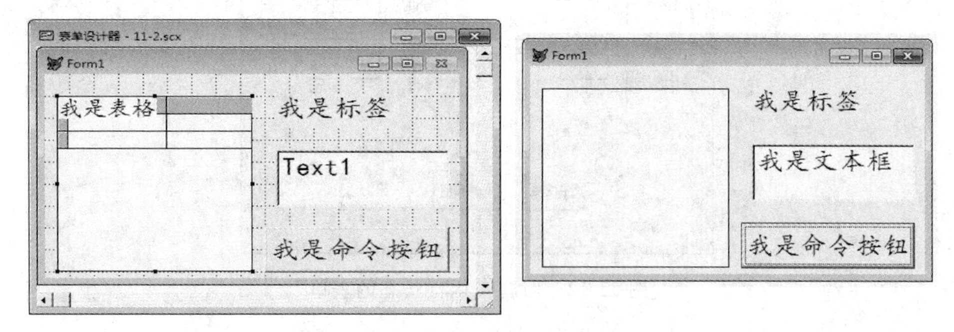

图 11-10 习题 2 设计和运行状态的表单

3. 新建一个含有一个表格控件和一个命令按钮控件的表单文件 11-3. scx，要求在运行该表单时，在表格控件中显示表 rcda. dbf 的全部内容，命令按钮用于释放表单并退出，如图 11-11 所示。

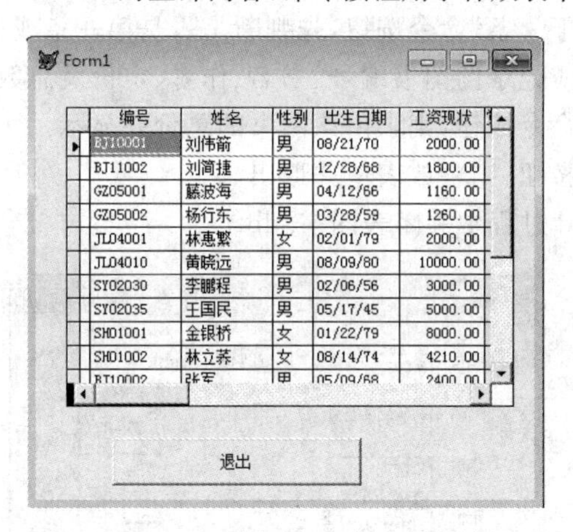

编号	姓名	性别	出生日期	工资现状
BJ10001	刘伟箭	男	08/21/70	2000.00
BJ11002	刘简捷	男	12/28/68	1800.00
GZ05001	藤波海	男	04/12/66	1160.00
GZ05002	杨行东	男	03/28/59	1260.00
JL04001	林惠繁	女	02/01/79	2000.00
JL04010	黄晓远	男	08/09/80	10000.00
SY02030	李鹏程	男	02/06/56	3000.00
SY02035	王国民	男	05/17/45	5000.00
SH01001	金银桥	女	01/22/79	8000.00
SH01002	林立荞	女	08/14/74	4210.00
BJ10002	张军	男	05/09/68	2400.00

图 11-11 习题 3 运行状态的表单

4. 设计一个含有 7 个标签、6 个文本框和 3 个命令按钮的表单 11-4. scx，对 VFLX 文件夹中的表图书. dbf，输入图书编号后，单击"图书信息"命令按钮，则显示此图书编号所对应的书名、作者、定价及总数信息；单击"计算价值"命令按钮，则求出该图书总价并显示；单击"退出"

命令按钮，则释放表单并退出。表单运行后如图 11-12 所示。

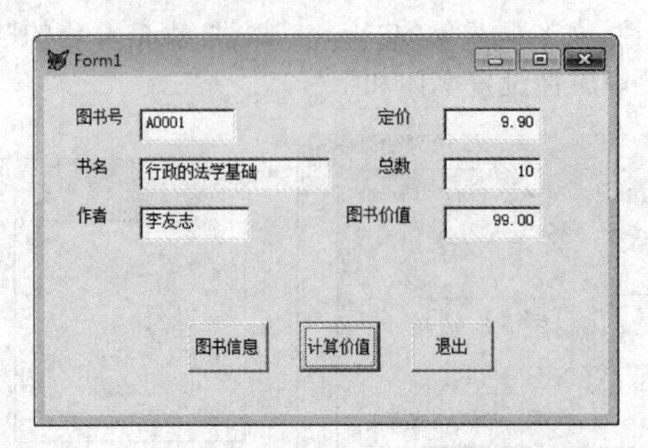

图 11-12　习题 4 运行状态的表单

5. 设计如图 11-13 所示的表单 11-5. scx，其功能如下。

(1)在 Form1. Load 过程中打开表图书. dbf。

(2)单击"第一条"、"最后一条"命令按钮，显示对应记录的图书编号、书名、作者、定价及总数信息。

(3)单击"上一条"、"下一条"命令按钮，先判断是否是第一条或最后一条记录，若是显示相应提示信息；否则显示对应记录的图书编号、书名、作者、定价及总数信息。

(4)单击"计算价值"命令按钮，则求出该图书的总价并显示。

(5)单击"退出"命令按钮，则释放表单并退出。

(6)在 Form1. Unload 过程中关闭表图书. dbf。

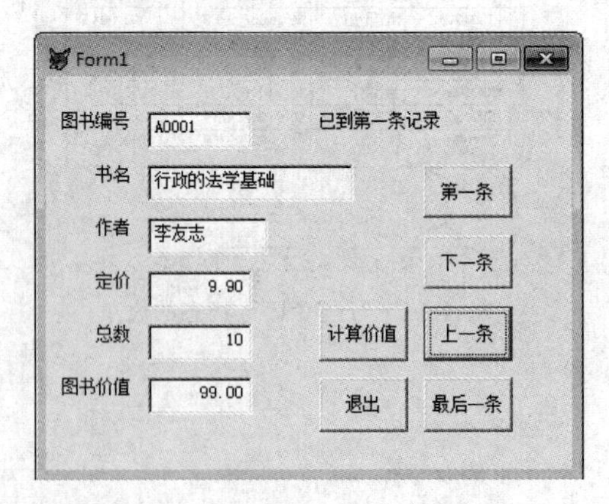

图 11-13　习题 5 运行状态的表单

(三)实验思考

1. 在表单的设计阶段,表单上的对象一旦建立,其位置和大小还能改变吗?

2. 还能用其他方法完成实验操作中的第3题吗?能做到运行表单时,在表格控件中只显示“姓名”和“工资现状”字段吗?

3. 在11-1.scx中,如果口令正确,则运行11-2.scx,该如何修改?

实验 12 表单设计(2)

一、实验目的

1. 掌握将用 SQL 的 SELECT 语句创建的查询的查询结果显示在表单的表格控件中的方法。

2. 掌握为对象编写方法程序的基本过程，并掌握利用表单设计界面的基本方法。

二、实验内容

(一)实验示例

新建表单文件 Bd1. scx，表单标题为“查询教师任课情况”，表单中含有一个表格控件、一个“查询”命令按钮和一个“退出”命令按钮。通过教师. dbf 和任课. dbf 两表，查询承担了课程的教师的姓名及每位教师的任课门数，查询出的字段名分别为姓名、任课门数，并将查询去向为表 cx1. dbf 的结果显示在表格控件中。

分析：依题意知，所建的表单上需添加一个表格控件和两个命令按钮控件，在“查询”命令按钮和“退出”命令按钮的 Click 事件中需写相应的代码。

方法：

①选择“文件”→“新建”菜单项，在打开的“新建”对话框中选择“表单”单选按钮，单击“新建文件”按钮，打开表单设计器，同时弹出“表单控件”工具栏和“属性”窗口。

②在表单中的适当位置分别添加一个表格控件和两个命令按钮控件。

③根据表 12-1 设置各控件的主要属性，如图 12-1 所示。

表 12-1 控件属性设置表

控件名称	属性名	设置值
Command1	Caption	查询
Command2	Caption	关闭
Grid1	RecordSourceType	4-SQL 说明

④如图 12-2 所示，在 Command1 的 Click 事件中编写如下代码。

```
ThisForm. Grid1. RecordSource='；
SELE 姓名,Count(课程号)任课门数 FROM 教师,任课；
WHERE 教师. 教师代号=任课. 教师代号；
GROUP BY 任课. 教师代号；
INTO TABLE cx1'
```

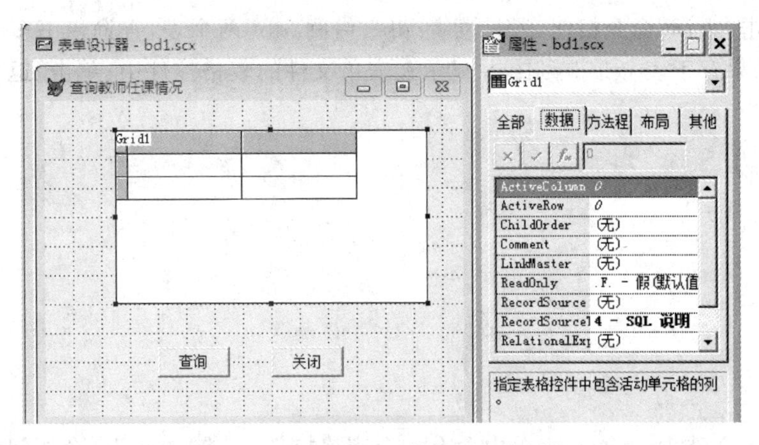

图 12-1 设置表格及其他对象的属性

图 12-2 编写命令按钮的 Click 事件

⑤在 Command2 的 Click 事件中编写如下代码。

```
ThisForm. Release
```

⑥保存此表单文件，文件名为“Bd1. scx”。

⑦运行表单，其结果如图 12-3 所示。

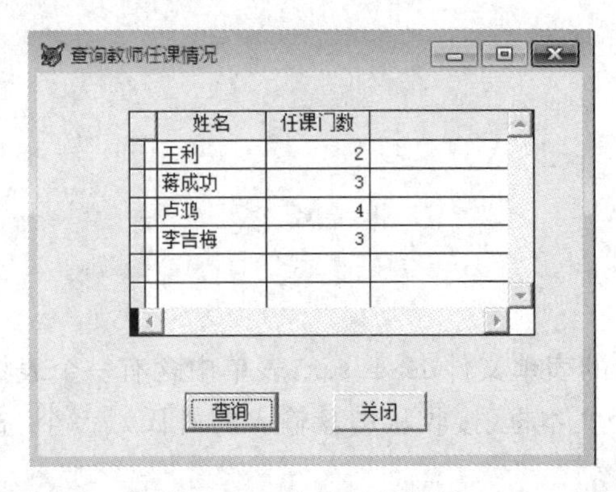

图 12-3 表单运行结果

(二)实验操作

1. 新建表单文件 12-1. scx，表单中含有一个表格控件、一个“查询”命令按钮和一个“退出”

命令按钮。单击“查询”命令按钮，通过读者.dbf、借阅.dbf 两个表，查询借书多于一次的读者的姓名，查询结果存于表 jg1.dbf 中，并显示在表单文件的表格控件中；单击“退出”命令按钮，释放表单。

2.新建表单文件 12-2.scx，表单中含有一个表格控件、一个“查询”命令按钮和一个“退出”命令按钮。单击“查询”命令按钮，通过读者.dbf、借阅.dbf 两个表，查询未借书的读者的姓名，查询结果存于表 jg2.dbf 中，并显示在表格控件中；单击“退出”命令按钮，释放表单。

3.修改表单。表单文件 12-3.scx 的功能是由图书.dbf、借阅.dbf 两个表，查询未被借出的图书的书名、出版社和定价；但在运行过程中不能得到结果，请修改以实现此表单的功能。

4.新建如图 12-4 所示的表单文件 12-4.scx，表单中含有一个表格、一个显示内容为“请输入一个姓氏:”的标签、一个文本框(接收从键盘输入的姓氏)、一个“查询”命令按钮和一个“退出”命令按钮。

表单的功能是通过读者.dbf、借阅.dbf、图书.dbf 3 个表，查询姓名中含有该姓氏的读者所借图书的书名、定价及读者的姓名，查询结果中的列名分别为“书名”、“定价”和“借书人”，查询去向为表 jg4.dbf；单击“退出”命令按钮，释放表单。

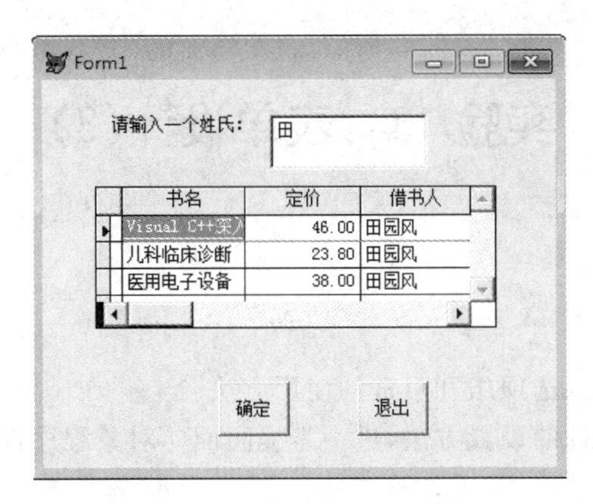

图 12-4　习题 4 表单的运行结果

(三)实验思考

1. 表单、表格都是容器类对象吗？命令按钮也是容器类对象吗？

2. 能创建一个如图 12-5 所示的浏览职工.dbf 的表单吗？在左边的表格中选择某条记录后，单击"确定"命令按钮，该职工的若干信息显示在右边对应的文本框中。

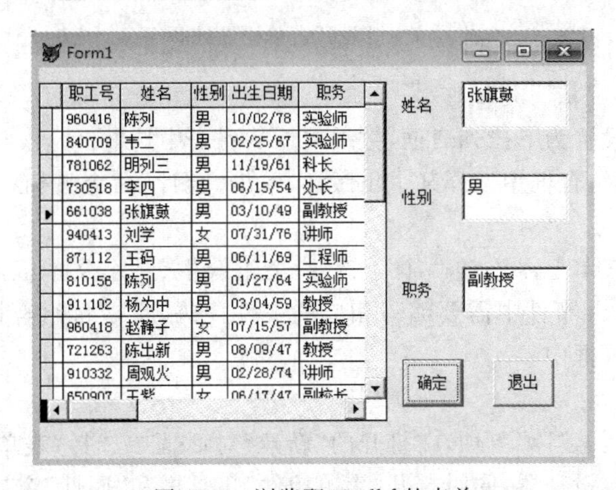

图 12-5　浏览职工.dbf 的表单

实验 13　表单设计(3)

一、实验目的

1. 熟悉列表框、组合框、选项组和页框的使用方法。
2. 掌握各种控件的属性的设置方法,进一步提高面向对象程序设计的能力。

二、实验内容

(一)实验示例

【例 13-1】 新建一个表单 Form_1.scx,表单标题为“图书”,如图 13-1 所示。

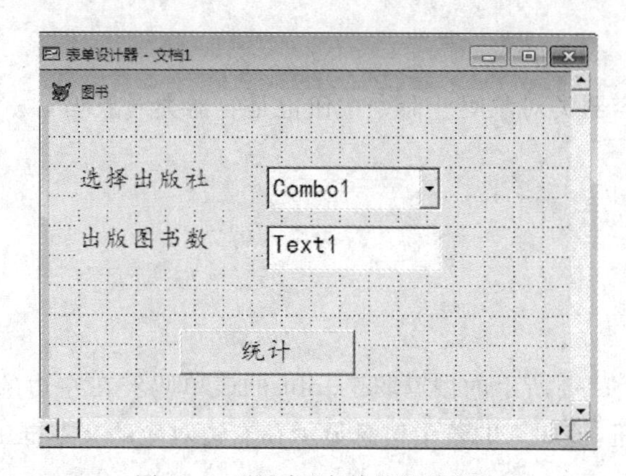

图 13-1 “图书”表单的设计状态

根据图书.dbf 表,完成下列操作。

①将组合框控件设置为下拉列表框,数据只能从列表中选取。

②运行表单时,在组合框中选择某个出版社,单击“统计”命令按钮,文本框中将显示该出版社图书的总数。

分析:依题意知,表单上需添加两个标签、一个组合框、一个文本框和一个命令按钮。在“统计”命令按钮的 Click 事件中需要编写相应的事件代码,实现将组合框中所选择的出版社的图书总数显示在文本框中。

方法:

①选择“文件”→“新建”菜单项,在打开的“新建”对话框中选择“表单”单选按钮,单击“新建文件”按钮,打开表单设计器,同时打开“表单控件”工具栏和“属性”窗口。

②在表单中的适当位置分别添加两个标签、一个组合框(Combo1)、一个文本框和一个命令按钮。

③分别设置表单、标签、命令按钮的 Caption 属性的值。

④设置组合框的属性。

```
RowSourceType=5-数组
RowSource=aa
Style=2
```

⑤设置数组变量和内存变量，表单的 Load 事件代码为

```
Public aa(5),n
n=1
aa(1)="北京大学出版社"
aa(2)="清华大学出版社"
aa(3)="人民教育出版社"
aa(4)="外语教学与研究出版社"
aa(5)="中国协和医科大学出版社"
```

⑥释放内存变量，表单的 Destroy 事件代码为

```
Release n,aa
```

⑦"统计"命令按钮的 Click 事件代码为

```
For n=1 To 5
   If ThisForm.Combo1.Selected(n)=.T.
      nn=aa(n)
      SELE Count(*)AS 总数 FROM 图书 WHERE 出版社=nn INTO CURSOR tj
      ThisForm.Text1.Value=总数
   EndIf
EndFor
```

⑧保存表单，文件取名为"Form_1.scx"。

⑨运行表单，结果如图 13-2 所示，检验结果是否正确。

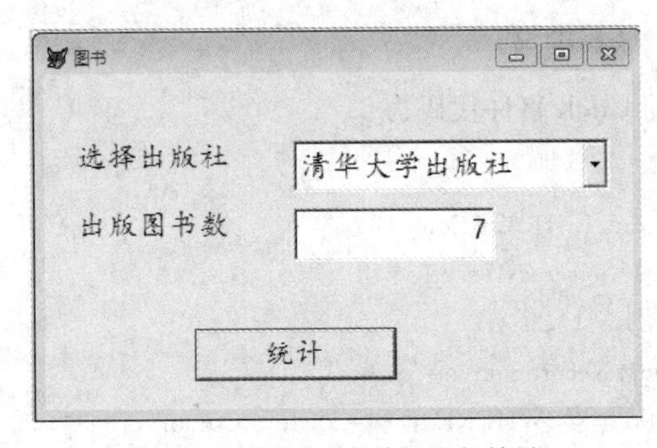

图 13-2 "图书"表单的运行结果

【例 13-2】 设计一个表单 Form_2.scx，结果如图 13-3 所示。

根据学生.dbf 表，完成下列操作。

①运行表单时，在列表框中选择某个学号，单击"显示"命令按钮，表格中将显示该学生的基本信息。

②单击"退出"命令按钮将关闭表单。

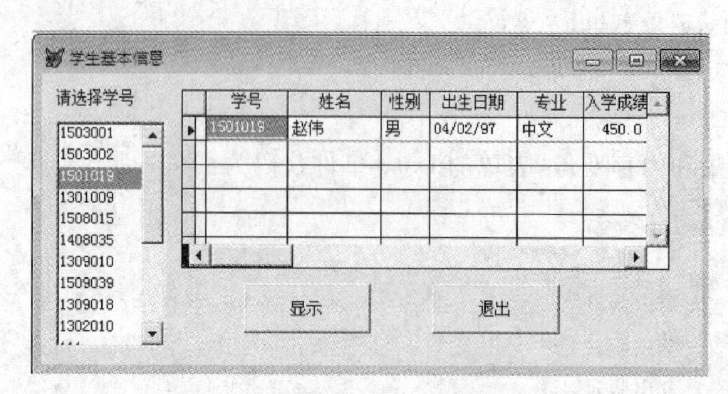

图 13-3　表单 Form_2. scx 的运行结果

分析:根据题意可知,所建的表单上需添加一个标签、一个列表框(List1)、一个表格和两个命令按钮,在“显示”和“退出”命令按钮的 Click 事件中需编写相应的事件代码。注意区分列表框和组合框属性的设置。

方法:

①选择“文件”→“新建”菜单项,在打开的“新建”对话框中选择“表单”单选按钮,单击“新建文件”按钮,打开表单设计器,同时打开“表单控件”工具栏和“属性”窗口。

②在表单中的适当位置分别添加一个标签、一个列表框、一个表格和两个命令按钮。

③分别设置表单、标签、命令按钮的 Caption 属性的值。

④设置数据环境,添加学生. dbf。

⑤设置列表框属性。

```
RowSourceType=6-字段
RowSource=学生. 学号
```

⑥设置表格的属性。

```
RecordSourceType=4-SQL 说明
```

⑦“显示”命令按钮的 Click 事件代码为

```
n=1
For i=1 To ThisForm. List1. ListCount(n)
  If ThisForm. List1. Selected(i)=. T.
    xh=ThisForm. List1. List(i)
    ThisForm. Grid1. RecordSource=";
    SELE * FROM 学生 WHERE 学号=xh Into Cursor xs"
  EndIf
EndFor
```

⑧“退出”命令按钮的 Click 事件代码为

```
ThisForm. Release
```

⑨保存表单,文件取名为“Form_2. scx”。

⑩运行表单。

(二)实验操作

1. 修改表单。打开表单文件 13_1.scx(见图 13-4),按要求修改表单(见图 13-5)。具体要求如下。

(1)在选项组(Optiongroup1)中增加一个单选按钮(Option3)。

(2)在"确定"命令按钮的 Click 事件中增加一条语句,使表单运行时单击该命令按钮使"关闭"命令按钮变为可用(注意:不能改变原设定的属性值)。

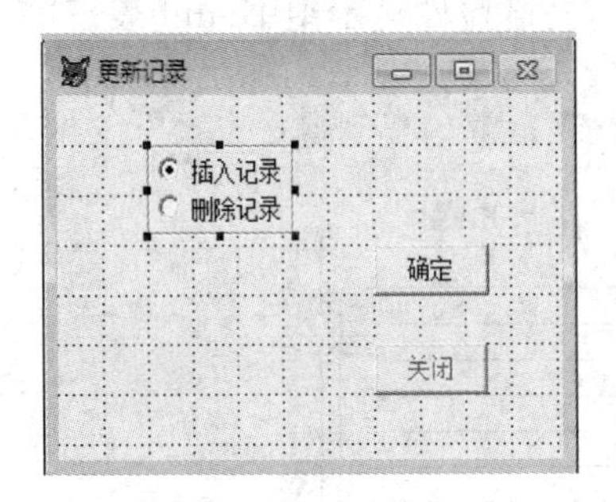

图 13-4 修改前的表单

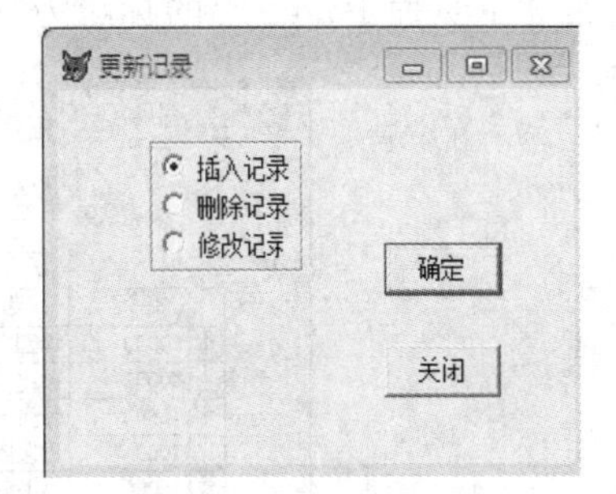

图 13-5 修改后的表单

2. 设计一个"职工工资查询"表单 13_2.scx,如图 13-6 所示。

要求:根据职工.dbf 和工资.dbf 表,完成下列操作。

(1)表单的标题为"职工工资查询"。

(2)表单运行时单击"统计"命令按钮,根据文本框输入的职务,在表格中显示职工的职工号、姓名、合计工资(基本工资+津贴-公积金-其他扣款),并根据选项组按钮的升降序选择,对"合计工资"字段进行排序。

(3)单击"退出"命令按钮将关闭表单。

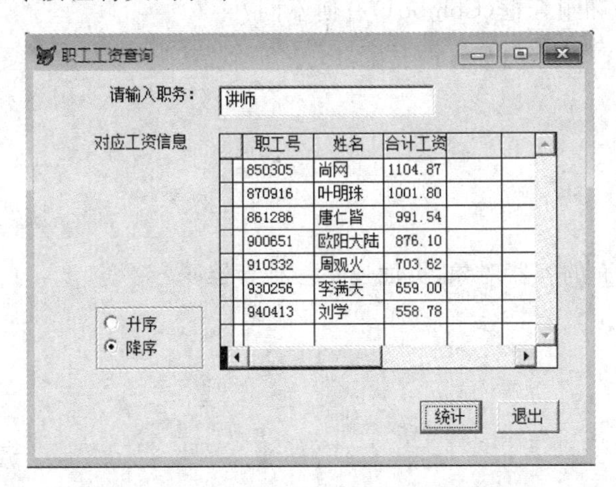

图 13-6 "职工工资查询"表单的运行状态

3. 创建一个表单 13_3. scx，在表单上设计一个页框和一个命令按钮。页框（Pageframe1）中含有 3 个页面，每个页面都通过一个表格控件显示相关信息；“关闭”命令按钮的功能是关闭表单，表单的标题为“页框应用”。表单如图 13-7 所示。

要求：

(1)第 1 个页面 Page1 上的标题为“读者信息”，其表格控件显示读者. dbf 表。

(2)第 2 个页面 Page2 上的标题为“借阅信息”，其表格控件显示借阅. dbf 表。

(3)第 3 个页面 Page3 上的标题为“图书种类”，其表格控件显示图书. dbf 表。

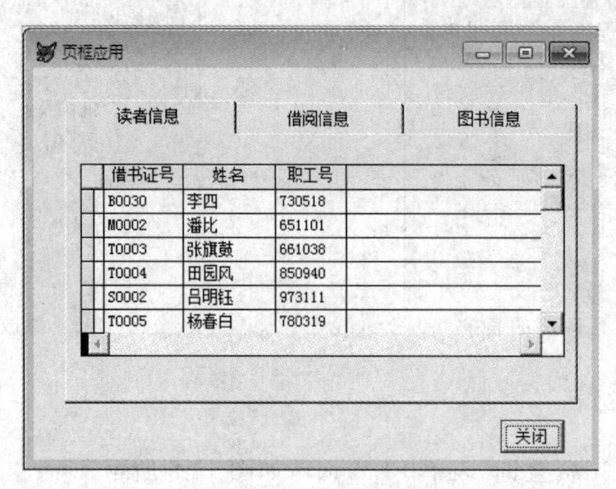

图 13-7 “页框应用”表单的运行状态

(三)实验思考

1. 列表框（List1）和组合框（Combo1）有何不同？

2. 页框是包含页面的容器对象，页面也是一种容器吗？

实验14　菜单设计

一、实验目的

1.熟悉系统菜单的结构。
2.掌握利用菜单设计器设计菜单的基本方法。

二、实验内容

(一)实验示例

【例14-1】 创建一个菜单文件教学管理.mnx,菜单系统规划如下。

学生管理	成绩管理	课程管理	教师管理	任课管理	专业管理	退出系统
学生登记表	成绩单	课程表	教师情况表	任课表	专业表	
学生花名册						

要求选择某一主菜单时,其下拉菜单必须弹出;选择"退出系统"菜单项时,退出本菜单程序,并自动恢复Visual FoxPro的系统菜单。

分析:可以看出,这个菜单系统由一个条形菜单、7个菜单项和6个下拉菜单组成。其中,前6个菜单项将弹出下拉菜单,最后一个菜单项是过程菜单项。

方法:

①选择"文件"→"新建"菜单项,在打开的"新建"对话框中选择"菜单"单选按钮,单击"新建文件"按钮,打开"新建菜单"对话框。单击"菜单"按钮,打开菜单设计器。

②在菜单设计器里,可以看到"菜单级"下拉列表框中呈现的是"菜单栏"字样。依次在"菜单名称"下输入主菜单的提示字符串,前6项的"结果"选择"子菜单",最后一项选择"过程",如图14-1所示。

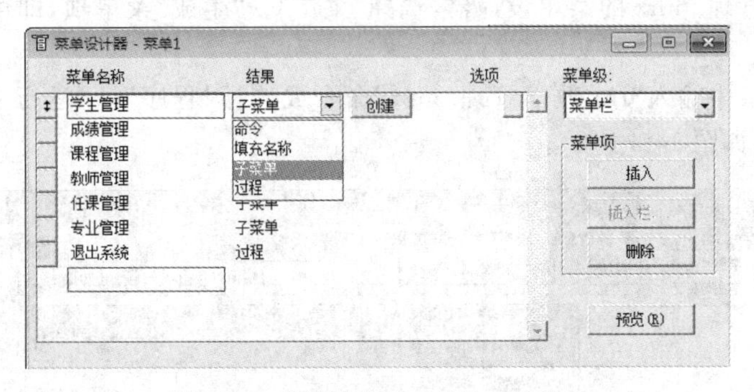

图14-1　菜单设计器中菜单项的设置

③编辑子菜单项。选中"菜单名称"为"学生管理"所在行,单击"创建"按钮,进入新的一屏来编辑子菜单项,如图14-2所示。此时,可输入菜单项"学生登记表"和"学生花名册",并选择相应的"结果"选项。在"菜单级"下拉列表框中选择"菜单栏",返回主菜单栏编辑状态。重复

上述步骤,依次完成“成绩管理”等 5 个下拉菜单。

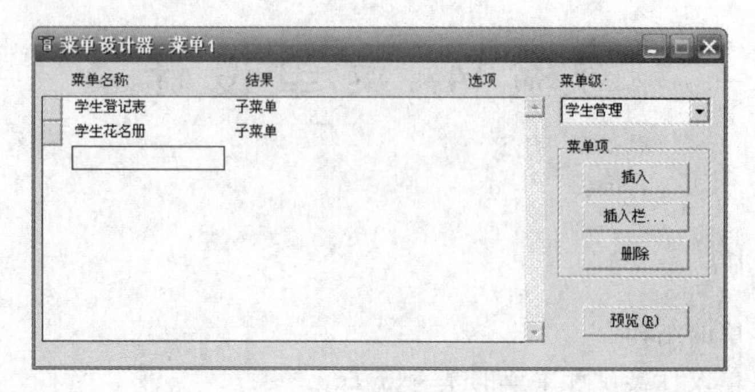

图 14-2　编辑子菜单项

④选中“菜单名称”为“退出系统”所在行,单击“创建”按钮,调出编辑窗口供输入过程代码,如图 14-3 所示。

```
Set Sysmenu Nosave
Set Sysmenu To Default
```

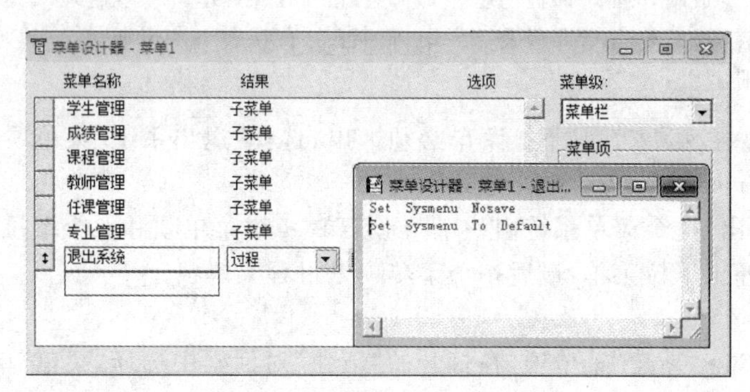

图 14-3　创建“退出系统”过程

⑤保存菜单文件,文件名为“教学管理. mnx”。

⑥打开教学管理. mnx 的菜单设计器,单击“预览”按钮,可预览效果。

⑦打开教学管理. mnx 的菜单设计器,选择“菜单”→“生成”菜单项,即可生成同名的. mpr 菜单程序文件。

⑧在命令窗口中输入“Do 教学管理. mpr”命令或选择“程序”→“运行”菜单项,即可运行此菜单程序文件,如图 14-4 所示。

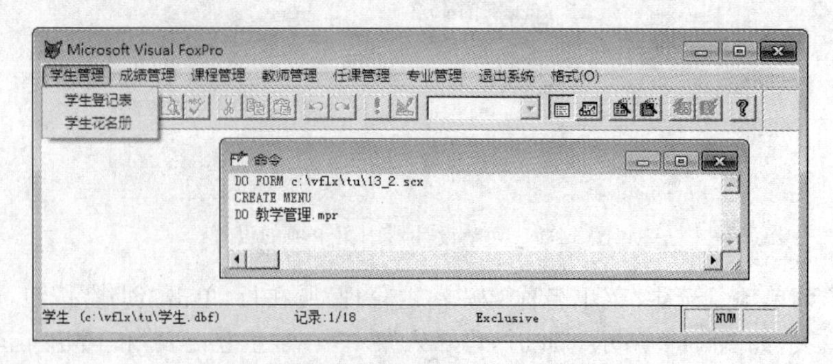

图 14-4　“教学管理”菜单的运行结果

【例 14-2】 创建一个名为"m2"的快捷菜单，要求菜单中有"打开表"、"修改表"和"关闭表"3个菜单项，然后在表单 Form1 中的 RightClick 事件中调用该快捷菜单。

分析：快捷菜单与下拉式菜单不同，快捷菜单一般从属于某个界面对象，所以在表单中可以调用快捷菜单。

方法：

建立快捷菜单的步骤与建立下拉式菜单的步骤大致相同。

①选择"文件"→"新建"菜单项，打开"新建"对话框。选择"菜单"单选按钮，单击"新建文件"按钮，在打开的"新建菜单"对话框中单击"快捷菜单"按钮，如图 14-5 所示。

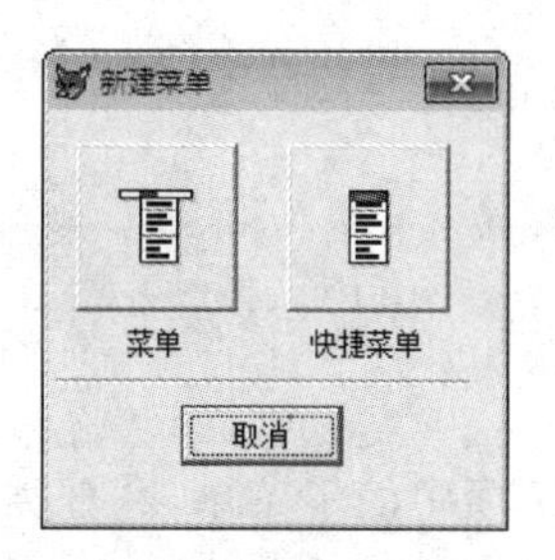

图 14-5 "新建菜单"对话框

②定义快捷菜单 m2(见图 14-6)，方法与定义下拉式菜单相同。完成快捷菜单的定义后，使用"生成"命令生成快捷菜单的菜单程序文件(m2. mpr)。

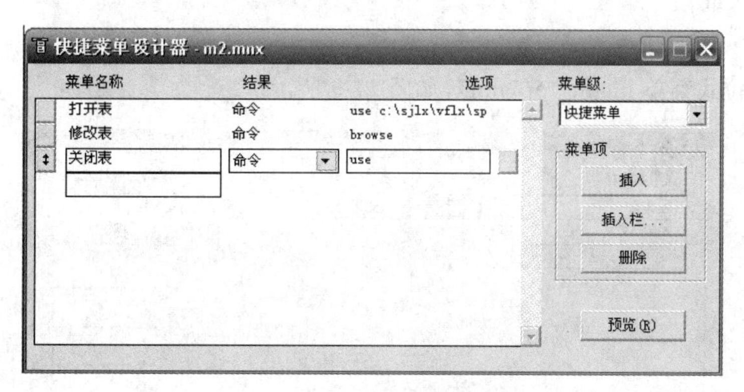

图 14-6 快捷菜单设计器

③创建表单 Form1. scx，在表单的 RightClick 事件代码中添加调用快捷菜单的命令：

```
Do m2. mpr
```

④运行表单 Form1. scx，当在表单界面对象上右击时，结果如图 14-7 所示。

图 14-7 Form1. scx 上的快捷菜单

【例 14-3】 创建一个顶层表单 Form_top，然后创建并在表单中添加菜单 menu_top.mnx，效果如图 14-8 所示。

图 14-8 顶层表单

具体要求如下。

①根据表图书.dbf，“查询”菜单项中的子菜单项“分类汇总”的功能是按出版社分类，统计每个出版社出版图书的总数，并将查询结果存放在表 cbs.dbf 中。

②“关闭”菜单项的功能是释放和关闭表单。

分析：这是一个为顶层表单添加菜单的过程。首先创建菜单，然后创建表单，通过表单的 Init 事件调用菜单。

方法：

①创建下拉式菜单 menu_top.mnx，如图 14-9 所示。

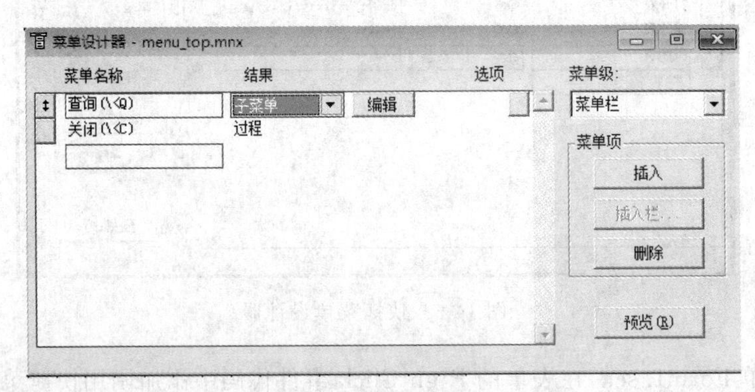

图 14-9 菜单项设置

其中，“查询(\<Q)”表示设置访问键 Q，运行时如图 14-8 所示。

“关闭”菜单项的过程代码如下。

```
Set SysMenu To Default
Form_top.Release
```

②创建“分类汇总”子菜单项，如图 14-10 所示。

“分类汇总”子菜单项的过程代码如下。

```
SELE 出版社,Count(*)AS 图书总数 From 图书 ;
GROUP BY 出版社 INTO DBF cbs
```

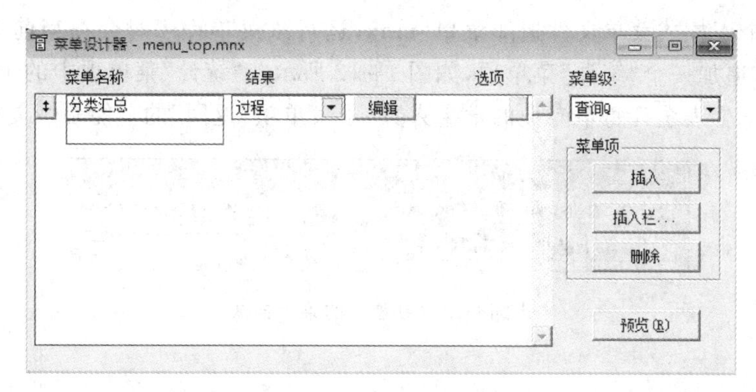

图 14-10　子菜单项的设置

③选择“显示”→“常规选项”菜单项，打开“常规选项”对话框，选中“顶层表单”复选框。

④生成菜单程序文件 menu_top. mpr。

⑤创建表单 Form_top. scx，分别为 Init 事件和 Destroy 事件添加命令代码，并设置表单属性。

ShowWindow 属性：2	（设置为顶层表单）
Init 事件代码：Do menu_top. mpr With This	（调用菜单）
Destroy 事件代码：Release menu menu_top	（关闭表单时同时清除和释放菜单）

⑥保存并运行表单，查看表 cbs. dbf 中每个出版社出版图书的总数。

(二)实验操作

1. 如图 14-11 所示，创建一个下拉式菜单学生信息. mnx，具体要求如下。

(1)包含“查询”、“数据维护”、“打印”和“退出”4 个菜单项。

(2)“数据维护”菜单项包含“浏览记录”、“修改记录”和“按字段修改”子菜单项；设置“按字段修改”子菜单项的快捷键为“Ctrl＋X”。

(3)“打印”菜单项包含“学生档案表”和“学生成绩表”两个子菜单项。

(4)单击“退出”菜单项，可退出本菜单，并自动恢复 Visual FoxPro 的系统菜单。

图 14-11　习题 1 的菜单样式

2. 创建一个下拉式菜单文件追加菜单.mnx，运行该菜单程序时会在当前系统菜单的“显示”菜单项之前追加一个“统计”菜单项，如图 14-12 所示。“统计”菜单项中的子菜单项“人数”的功能是根据学生表统计每个专业的学生人数，子菜单项“返回”的功能是恢复标准系统菜单。

图 14-12　习题 2 的菜单样式

提示：

①选择“显示”→“常规选项”菜单项，打开“常规选项”对话框，其中的“位置”设置为“在显示菜单之前”，如图 14-13 所示。

②子菜单项“人数”和“返回”的功能都是通过过程完成的。

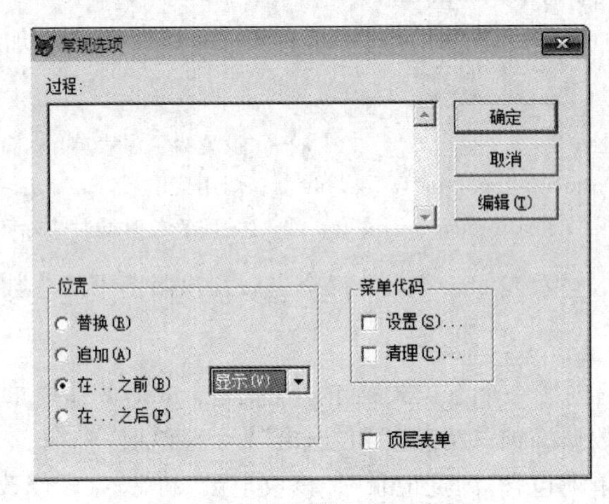

图 14-13　“常规选项”对话框

(三)实验思考

1. 下拉式菜单和快捷菜单一样吗？有何不同？

2. 在新建菜单时，“显示”菜单项中的“常规选项”子菜单项的作用是什么？

实验15 报表设计

一、实验目的

1.熟练掌握报表向导的使用方法。

2.熟练掌握快速报表的制作方法。

3.掌握利用报表设计器设计报表的方法及报表的输出方式。

二、实验内容

报表是数据库应用的最终显示、打印输出方式,报表设计的好坏,将直接影响阅读者对数据的理解,是一项非常重要的应用。

(一)实验示例

【例15-1】 用报表向导将职工.dbf输出为如图15-1所示的报表。

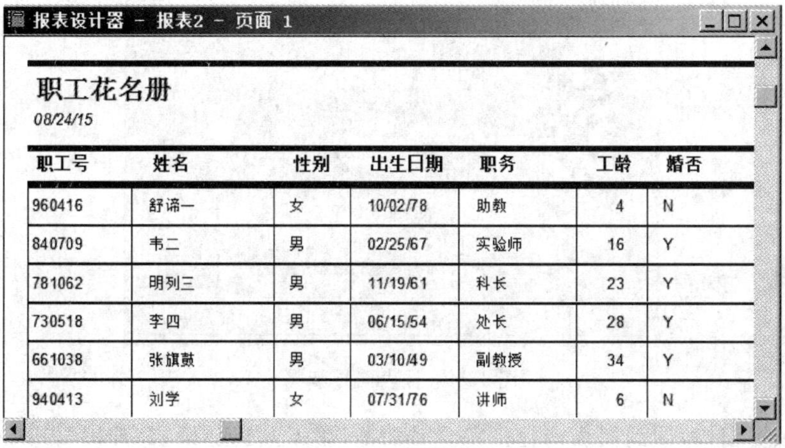

报表设计器 - 报表2 - 页面 1

职工花名册

08/24/15

职工号	姓名	性别	出生日期	职务	工龄	婚否
960416	舒谛一	女	10/02/78	助教	4	N
840709	韦二	男	02/25/67	实验师	16	Y
781062	明列三	男	11/19/61	科长	23	Y
730518	李四	男	06/15/54	处长	28	Y
661038	张旗鼓	男	03/10/49	副教授	34	Y
940413	刘学	女	07/31/76	讲师	6	N

图15-1 预览报表

方法:

①打开报表向导。有两种方法,任选其一。

第1种方法是选择“文件”→“新建”菜单项,在打开的“新建”对话框中选择“报表”单选按钮,单击“向导”按钮,进入“向导选取”对话框。

第2种方法是选择“工具”→“向导”→“报表”菜单项,如图15-2所示,进入“向导选取”对话框。

②进入“向导选取”对话框后,选择“报表向导”,单击“确定”按钮,进入报表向导步骤1对话框。在“数据库和表”下拉列表框中选择“职工.dbf”,在“可用字段”列表框中选取除“简历”字段外的全部字段,如图15-3所示,单击“下一步”按钮。

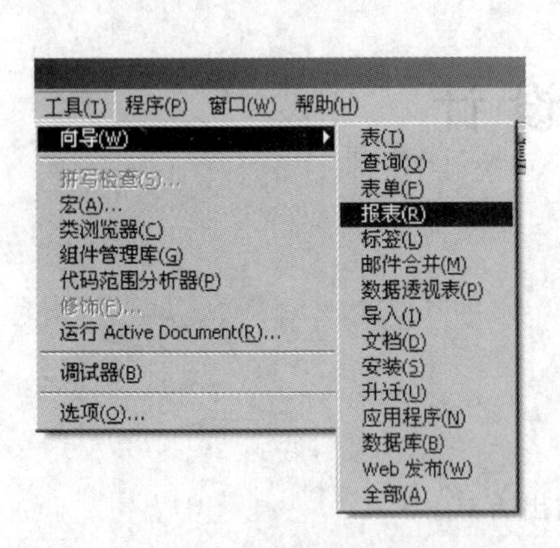

图 15-2 选择报表向导

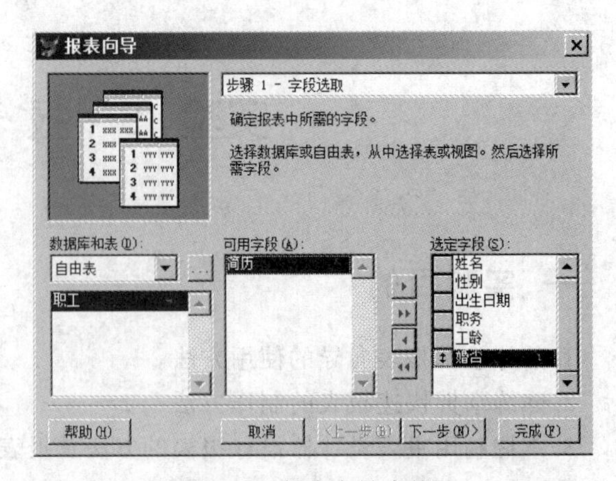

图 15-3 报表向导步骤 1

③在报表向导步骤 2 对话框中，单击“下一步”按钮。在报表向导步骤 3 对话框中，选择“账务式”后单击“下一步”按钮。在报表向导步骤 4 对话框中，单击“下一步”按钮。在报表向导步骤 5 对话框中，单击“下一步”按钮。进入报表向导步骤 6 对话框，在“报表标题”文本框中输入“职工花名册”，如图 15-4 所示，单击“预览”按钮，将出现如图 15-1 所示的报表。

图 15-4 报表向导步骤 6

④关闭预览窗口，回到报表向导步骤 6 对话框，单击“完成”按钮，弹出“另存为”对话框，单击“保存”按钮，文件名默认为“职工花名册. frx”。

【例 15-2】 用制作快速报表的方法将 man. dbf 制作输出为如图 15-5 所示的名为“球队人员情况分析表. frx”的报表。

报表设计器 - 报表1 - 页面 1

编号	所属球队	姓名	号码	出生年月	体重	身高	位置
0101	01	萨沙	1	12/23/77	75	197	守门员
0102	01	舒畅	2	09/21/78	67	187	后卫
0103	01	邓程	3	04/21/77	68	167	中场
0104	01	李小鹏	4	04/12/76	78	189	中场
0105	01	宿茂臻	5	07/07/78	87	187	前锋
0106	01	卡西亚诺	6	07/06/67	87	167	前锋
0201	02	刘建生	1	07/21/78	67	198	守门员

图 15-5 快速报表预览

方法：

①选择“文件”→“新建”菜单项，在打开的“新建”对话框中选择“报表”单选按钮，单击“新建文件”按钮，进入报表设计器，如图 15-6 所示。

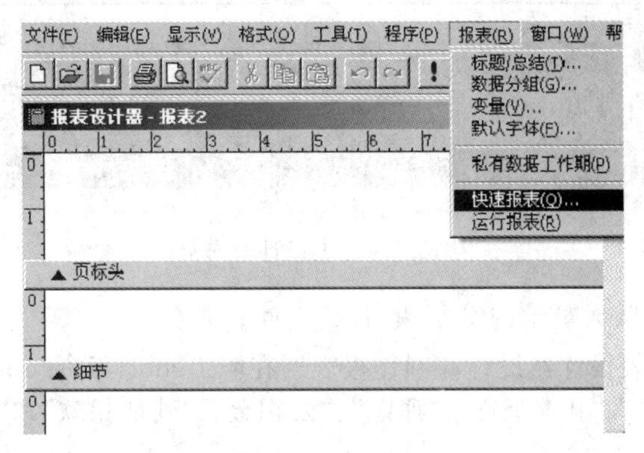

图 15-6 报表设计器

②选择“报表”→“快速报表”菜单项，弹出“打开”对话框。选择 man. dbf，单击“确定”按钮，弹出“快速报表”对话框，如图 15-7 所示。

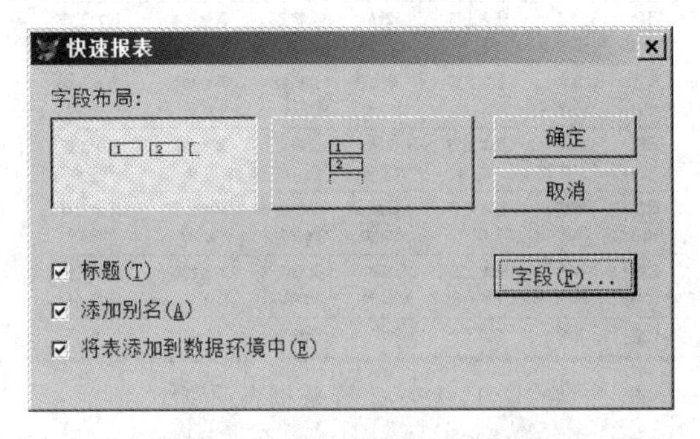

图 15-7 “快速报表”对话框

③在“快速报表”对话框中，单击“字段”按钮，打开“字段选择器”对话框。选择全部的字段，如图 15-8 所示，单击“确定”按钮，返回到“快速报表”对话框中，再次单击“确定”按钮，返回到报表设计器中，如图 15-9 所示。

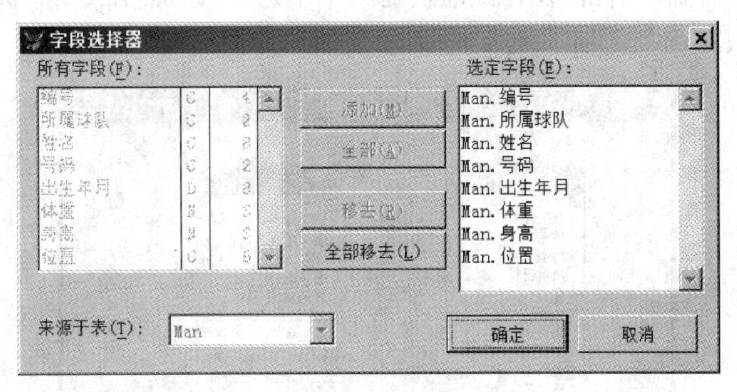

图 15-8 快速报表字段选择器

④在报表设计器中，单击“常用”工具栏上的“打印预览”按钮，查看报表，如图 15-5 所示。

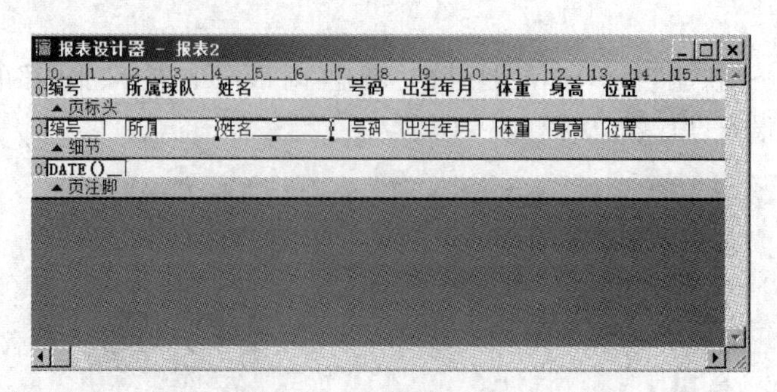

图 15-9　报表设计器布局

关闭预览后，保存为“球队人员情况分析表.frx”文件。

【例 15-3】 利用报表设计器设计和制作报表。在职工.dbf、工资.dbf 中建立报表的工资条，要求字段有“日期”、“姓名”、“基本工资”、“津贴”、“公积金”、“其他扣款”和“应发工资”，如图 15-10 所示。

报表设计器 - 报表3 - 页面 1

职工工资明细条

日期	姓名	基本工资	津贴	公积金	其他扣款	应发工资
09/10/15	王紫	895.45	835.50	26.86	0.00	1704.09

日期	姓名	基本工资	津贴	公积金	其他扣款	应发工资
09/10/15	潘比	895.45	835.50	26.86	0.00	1704.09

日期	姓名	基本工资	津贴	公积金	其他扣款	应发工资
09/10/15	张旗散	895.45	835.50	26.86	0.00	1704.09

日期	姓名	基本工资	津贴	公积金	其他扣款	应发工资
09/10/15	李服仁	895.45	835.50	26.86	0.00	1704.09

日期	姓名	基本工资	津贴	公积金	其他扣款	应发工资
09/10/15	宋歌	895.45	835.50	26.86	0.00	1704.09

图 15-10　工资条报表预览

方法：

①选择“文件”→“新建”菜单项，在打开的“新建”对话框中选择“报表”单选按钮，单击“新建文件”按钮，进入报表设计器。

②在报表设计器中右击，在弹出的快捷菜单中选择“数据环境”命令，打开数据环境设计器。在数据环境设计器中右击，在弹出的快捷菜单中选择“添加”命令，将职工.dbf、工资.dbf 两表添加进去，并用“职工号”字段建立两表间的关联，如图 15-11 所示。

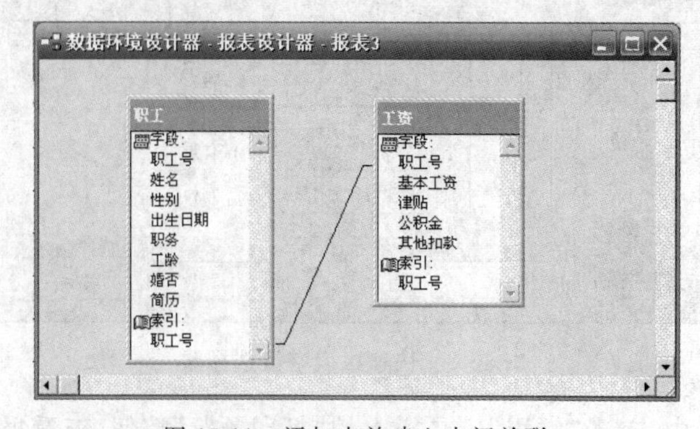

图 15-11　添加表并建立表间关联

③在报表设计器中，添加 7 个标签，分别是“日期”、“姓名”、“基本工资”、“津贴”、“公积金”、“其他扣款”、“应发工资”。在数据环境设计器中，分别将“姓名”、“基本工资”、“津贴”、“公积金”、“其他扣款”5 个字段拖到“细节”带区中，并在“日期”标签下面建一个域控件，在弹出的“报表表达式”对话框的“表达式”文本框中输入“DATE()”。在“细节”带区最上方加一条直线，如图 15-12 所示。

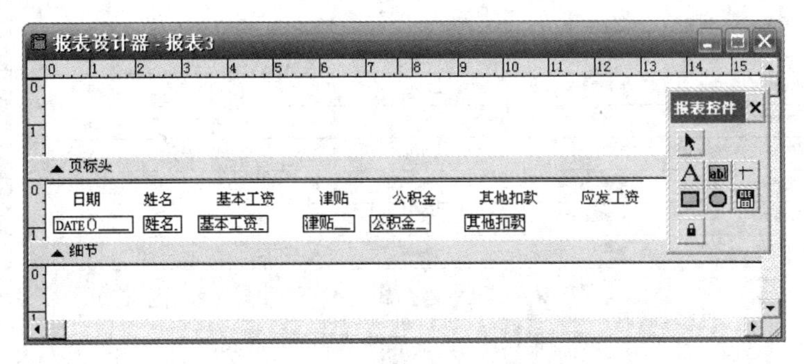

图 15-12　“工资条”的报表设计器

④在“应发工资”标签下建一个域控件，在弹出的“报表表达式”对话框中输入公式为“工资.基本工资＋ 工资.津贴－ 工资.公积金－ 工资.其他扣款”，单击“确定”按钮。

⑤在报表设计器的“页标头”带区中，输入“职工工资明细条”，并通过“格式”→“字体”菜单项进行修饰，设置字号为一号，字形为粗体。

⑥回到报表设计器，单击“常用”工具栏上的“打印预览”按钮，查看报表，如图 15-10 所示。关闭预览后，保存为“职工工资明细表.frx”文件。

(二)实验操作

1. 用报表向导将 student.dbf 表输出为“学生花名册”报表，如图 15-13 所示。

报表设计器 - 报表4 - 页面 1

学生花名册

08/24/15

学号	姓名	性别	出生日期	高考成绩	简历
981201	姚志洵	N	10/15/81	598.0	三好学生
973110	张斌	Y	12/30/80	550.5	
981202	王琪	Y	05/18/80	590.0	
982105	谭红京	Y	11/30/80	573.5	
973111	吕明钰	N	01/05/79	566.0	

图 15-13　“学生花名册”预览报表

2. 利用报表设计器设计出同学的每门课程的成绩表。要求用学生.dbf、成绩.dbf、课程.dbf 3 张表来组成一个报表，字段分别为“学号”、“姓名”、“课名”、“平时成绩”、“期中成绩”、“期末成绩”和“学分”,每条记录要有线段分开,保存为“学生成绩表.frx”。报表如图 15-14 所示。

提示:三表关联时,以成绩表为父表。

报表设计器 - 学生成绩表.frx - 页面 1

学 生 成 绩 表

学号	姓名	课 程	平时成绩	期中成绩	期末成绩	学分
0103001	郑霊莹	电脑文秘应用	95.0	88.0	90.0	4
0108015	和音	计算机基础	75.0	87.0	82.0	2
0108015	和音	英语(一)	80.0	89.0	91.0	4
0103001	郑霊莹	英语(一)	91.0	83.0	85.0	4
0103002	王小艳	电脑文秘应用	78.0	86.0	81.0	4
0008035	毛杰	计算机基础	80.0	77.0	90.0	2
0008035	毛杰	英语(一)	95.0	93.0	90.0	4

图 15-14 “学生成绩表”预览报表

3. 在报表设计器中,用表学生.dbf 设计出人们习惯使用的“学生简历表”的报表,如图 15-15 所示。

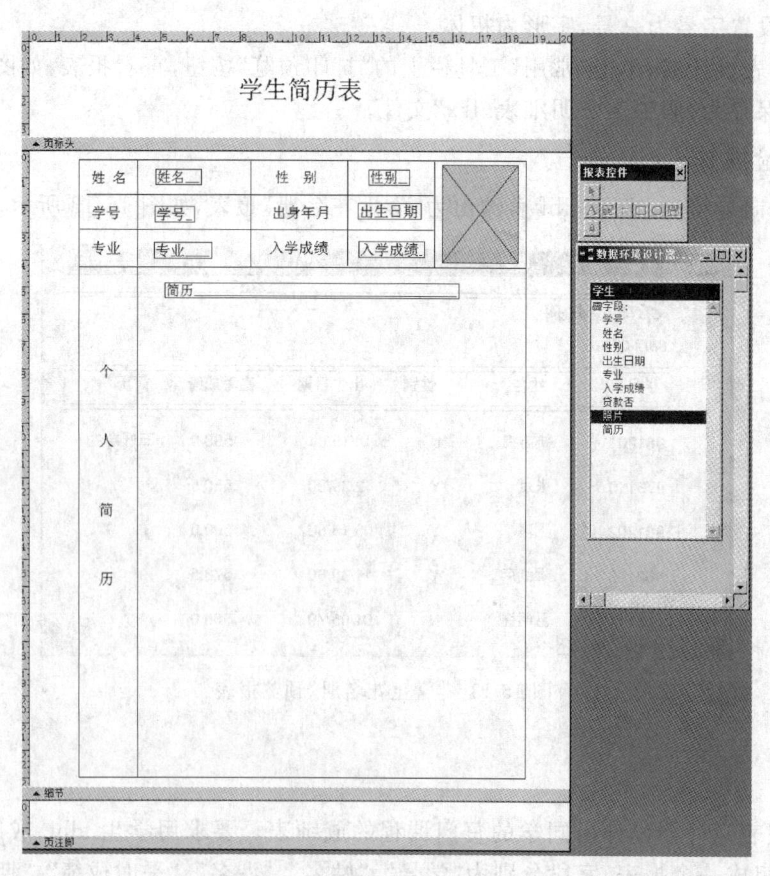

图 15-15 报表设计器中的示意图

(三)实验思考

1.报表的主要功能是什么?

2.“标题”带区和“页标头”带区有什么区别?

3.报表有哪几个基本组成部分?

4.能用报表设计器设计表格样式的报表吗?要如何操作?

实验 16 标签设计

一、实验目的

1. 掌握标签向导的使用方法。
2. 熟练掌握利用标签设计器设计标签的方法。

二、实验内容

(一)实验示例

【例 16-1】 根据职工表,用标签向导设计一个如图 16-1 所示的会议用的胸牌。

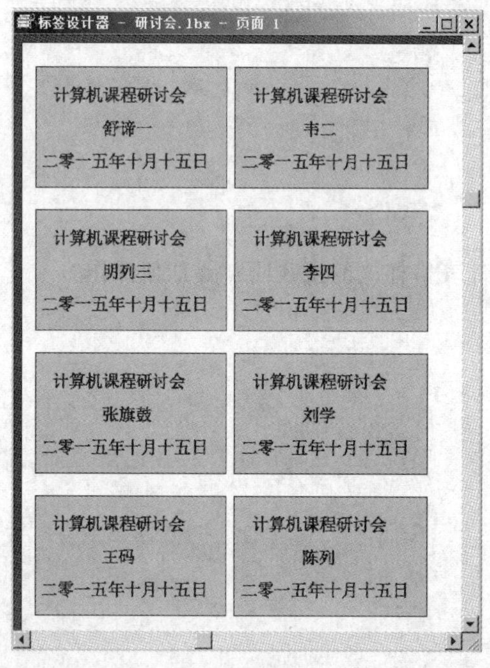

图 16-1 职工胸牌标签预览

分析:标签的设计方法同报表非常相似,可以用现实中的标签这个概念来理解,如各种及时贴、会议胸牌等。

方法:

①选择“文件”→“新建”菜单项,在打开的“新建”对话框中选择“标签”单选按钮,单击“向导”按钮,进入标签向导。

②在标签向导步骤 1 对话框中,单击“数据库和表”下拉列表框右侧的“表达式生成器”按钮,在弹出的“打开”对话框中,选择“职工. dbf”,单击“确定”按钮,如图 16-2 所示,单击“下一

步”按钮。

③进入标签向导步骤 2 对话框，这里先选择“公制”单选按钮，再选择“Avery Tab2 107.23”，如图 16-3 所示，单击“新建标签”按钮，进入“自定义标签”对话框。

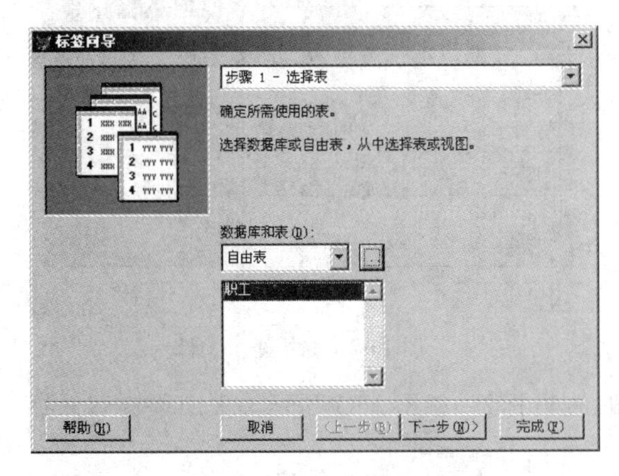

图 16-2　标签向导步骤 1

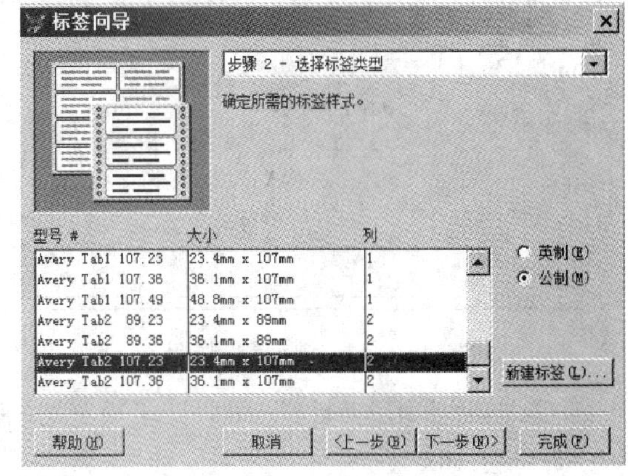

图 16-3　标签向导步骤 2

④单击“新建”按钮，弹出“新标签定义”对话框，将如图 16-4 所示的内容输入到对应的地方。输入完成后单击“添加”按钮，弹出“自定义标签”对话框，单击“关闭”按钮。

⑤单击“下一步”按钮，进入标签向导步骤 3 对话框。在“文本”文本框中输入“计算机基础课研讨会”，单击“选定”按钮▸，再单击“回车”按钮↵。在第 2 行选择“可用字段”列表框中的“姓名”，再单击“回车”按钮，进入第 3 行。在“文本”文本框中输入时间“二零一五年十月十五日”，并添加到“选定的字段”列表框中，如图 16-5 所示，单击“下一步”按钮。

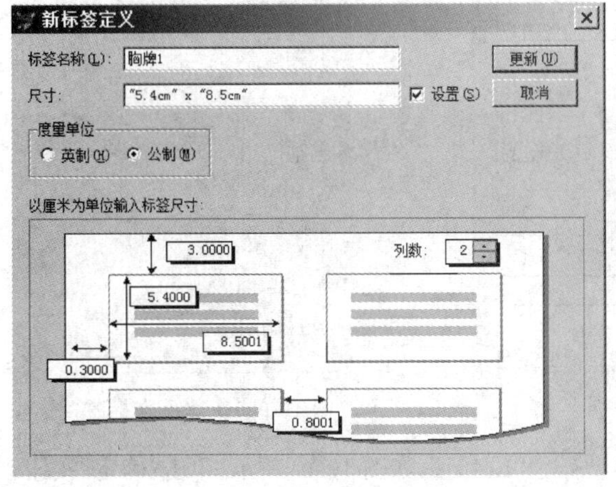

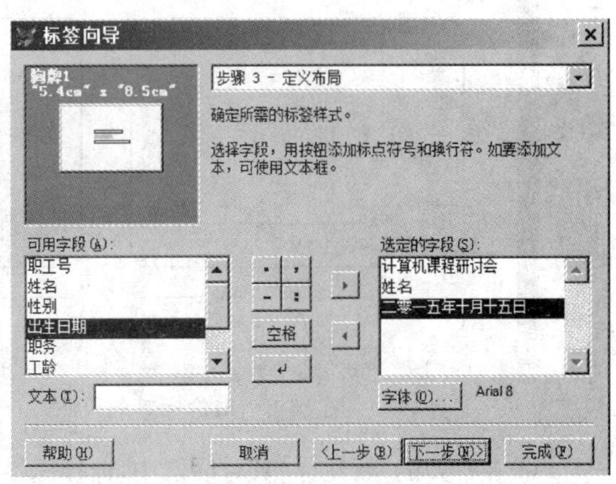

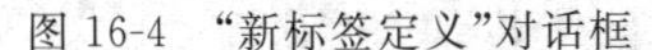
图 16-4　“新标签定义”对话框

图 16-5　标签向导步骤 3

⑥进入标签向导步骤 4 对话框，单击“下一步”按钮，进入标签向导步骤 5 对话框。选择“保存标签并在‘标签设计器’中修改”单选按钮，如图 16-6 所示，单击“完成”按钮，打开“另存为”对话框，保存为“会议胸牌.lbx”文件。

⑦打开会议胸牌.lbx 文件的标签设计器，利用“报表控件”工具栏中的矩形控件，在“列标头”带区中划上一个矩形框，在“调色板”工具栏中设置填充色为灰色，在“布局”工具栏中置于底层。三行字体、字号及位置作如图 16-7 所示的调整。

图 16-6　标签向导步骤 5

图 16-7　修饰矩形控件

⑧单击“常用”工具栏上的“打印预览”按钮，查看标签，如图 16-1 所示。关闭预览后保存为“研讨会.lbx”。

【例 16-2】 用图书.dbf 表制作书目价格标签牌，标签型号为 L7161，标签里有书名、出版社和价格，如图 16-8 所示 。

方法：

①选择“文件”→“新建”菜单项，在打开的“新建”对话框中选择“标签”单选按钮，单击“新建文件”按钮，如图 16-9 所示。

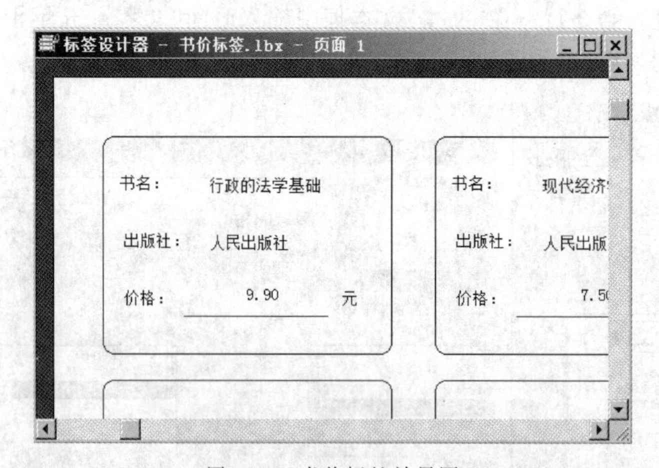

图 16-8　书价标签效果图

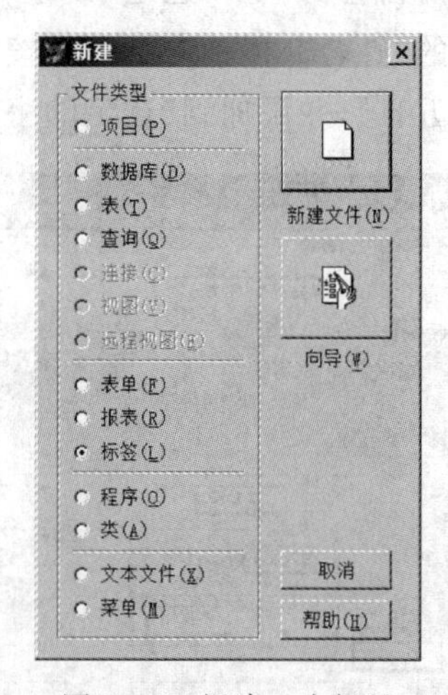

图 16-9　新建一个标签

②在打开的“新建标签”对话框中，选择标签型号为“L7161”，如图 16-10 所示，单击“确定”按钮。

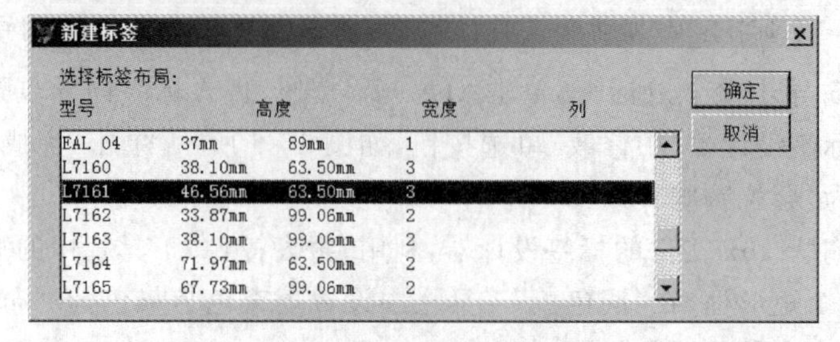

图 16-10　“新建标签”对话框

③选择“显示”→“数据环境”菜单项，弹出数据环境设计器，在该窗口中右击，从弹出的快捷菜单中选择“添加”命令，如图16-11所示。

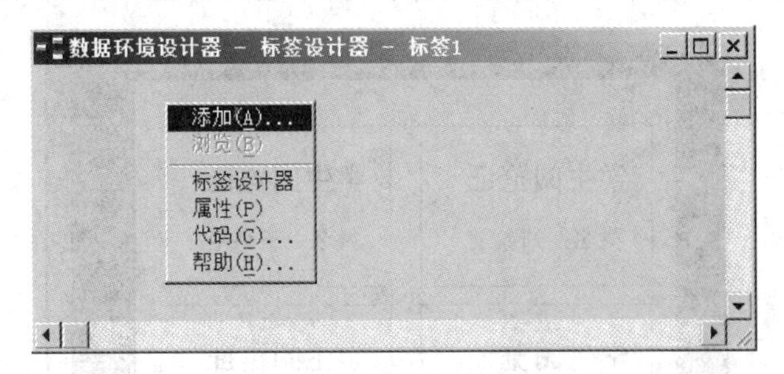

图16-11 数据环境设计器

④在弹出的“添加表或视图”对话框中，选择图书.dbf表，单击“添加”按钮，如图16-12所示。

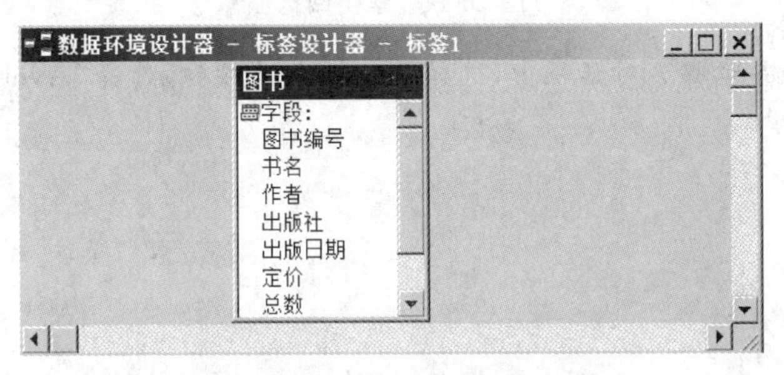

图16-12 添加图书.dbf表

⑤在标签设计器的“列标头”带区中画一个圆角矩形，再在其中添加“书名:”、“出版社:”、“书价:”和“元”4个标签控件，然后将数据环境设计器中的“书名”、“出版社”、“定价”3个域控件拖进标签设计器中相应的位置，最后在“定价”域控件下添加一线条控件，如图16-13所示 。

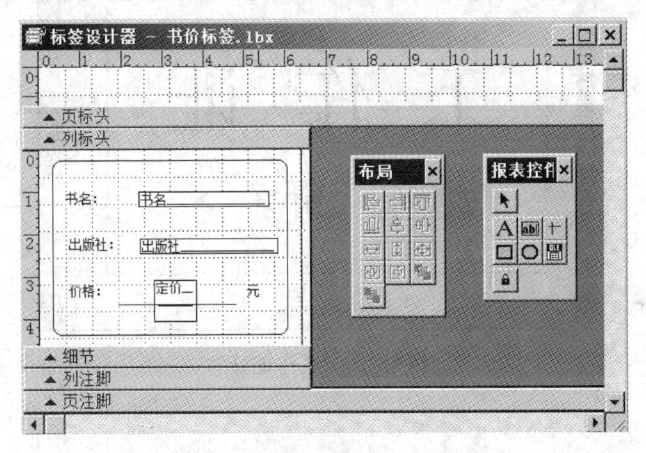

图16-13 添加标签和域控件

⑥选择“文件”→“打印预览”菜单项，即可以看到如图16-8所示的效果图。保存该文件名为“书价标签.lbx”。

(二)实验操作

1. 用标签向导制作学生阅览证,保存文件名为“学生阅览证.lbx”,如图 16-14 所示。

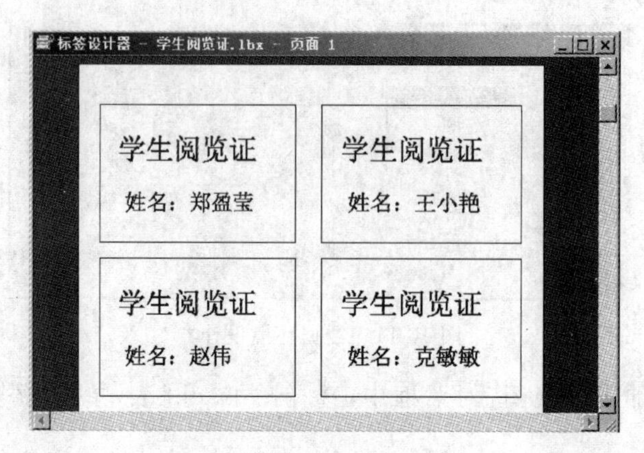

图 16-14　学生阅览证

提示:在标签向导步骤 2 对话框中,选择“公制”单选按钮,选择“Avery L7165”标签,字号的大小自行定义。

2. 用职工.dbf 表制作一个职工工作证,保存文件名为“工作证.lbx”,如图 16-15 所示。

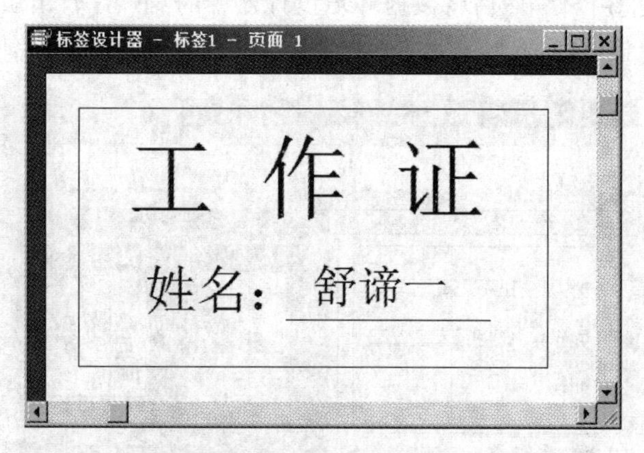

图 16-15　工作证标签

(三)实验思考

1. 标签的基本格式分为几个带区?

2. 标签的输出方式有几种?

3. 在打开标签设计器后,系统菜单上有"标签"菜单项吗?

4. 数据库表、自由表或视图都能作为标签的数据源吗? 还有其他的数据源吗?

5. 域控件可输出哪几类数据?

实验 17　项目管理器

一、实验目的

熟悉用项目管理器组织和管理数据库等数据资源的方法。

二、实验内容

(一)实验示例

【例 17-1】 在 VFLX 文件夹中创建项目文件供应. pjx,给此项目文件添加 VFLX 文件夹中的数据库供应零件. dbc。

方法:

①选择“文件”→“新建”菜单项,在打开的“新建”对话框中选择“项目”单选按钮,单击“新建文件”按钮,进入“创建”对话框。输入项目文件名“供应. pjx”,单击“保存”按钮,进入项目管理器。

②在项目管理器中,选择“数据”选项卡,并单击“数据库”类型符号,单击“添加”按钮,在“打开”对话框中选择要添加的数据库“供应零件. dbc”文件,单击“确定”按钮。操作结束时,在“数据库”类型符号左边显示一个⊞图标,如图 17-1 所示。单击⊞图标,将展开该类型所包含的文件和组件,同时⊞图标变成⊟图标,如图 17-2 所示。

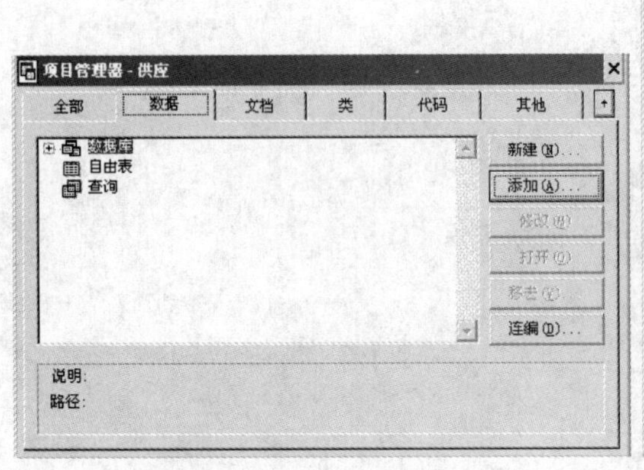

图 17-1　折叠项目管理器

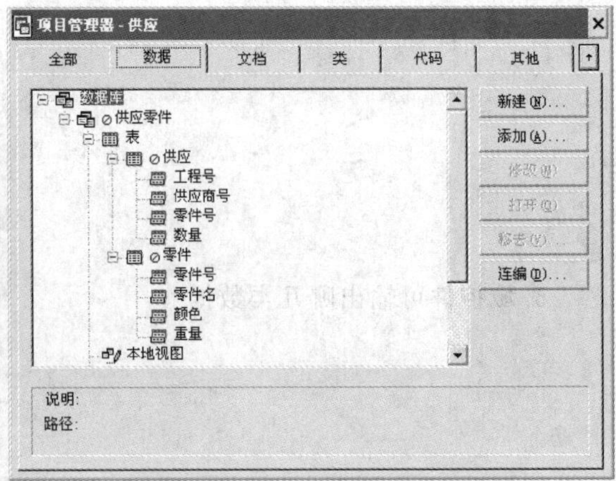

图 17-2　展开项目管理器

③在项目管理器中,单击要使用的文件名,项目管理器中的所有按钮被激活,可以进行相关的操作。

【例 17-2】　在项目文件供应.pjx 中新建一个自由表 xs.dbf,其结构为 sno(C,10)、xm(C,8)、xb(L)、rxsj(D)、cj(N,6,1)、bz(M)。

方法:

①打开项目文件供应.pjx,在项目管理器的"数据"选项卡下,单击"自由表"类型符号,单击"新建"按钮,弹出如图 17-3 所示的"新建表"对话框。

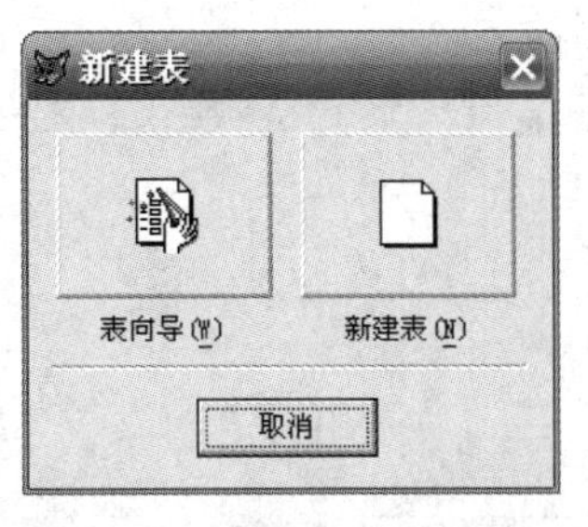

图 17-3　"新建表"对话框

②单击"新建表"对话框中的"新建表"按钮,弹出如图 17-4 所示的"创建"对话框。在此对话框中,确定存放所建表的位置和表名,然后单击"保存"按钮,打开表设计器。

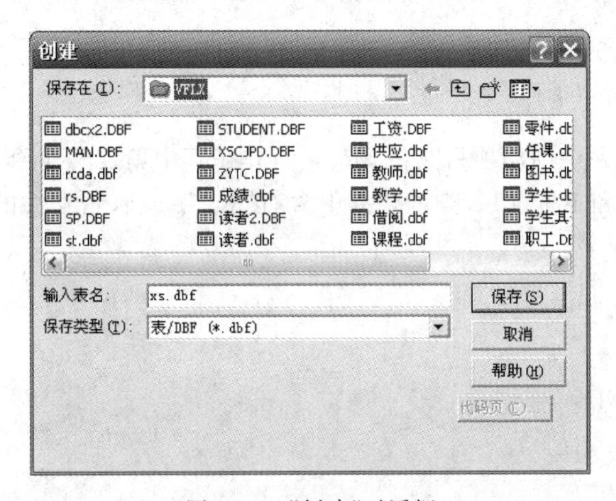

图 17-4　"创建"对话框

③在表设计器中,输入各字段的属性,如图 17-5 所示,再单击"确定"按钮。

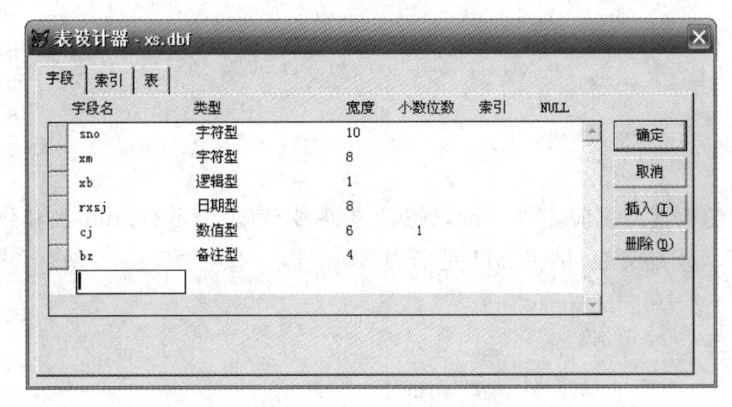

图 17-5　输入各字段的属性

④在弹出是否录入记录的提示对话框中，单击“否”按钮，随即在项目管理器的“自由表”类型符号左侧出现一个⊞图标，逐级单击⊞图标，可见如图 17-6 所示的情形。

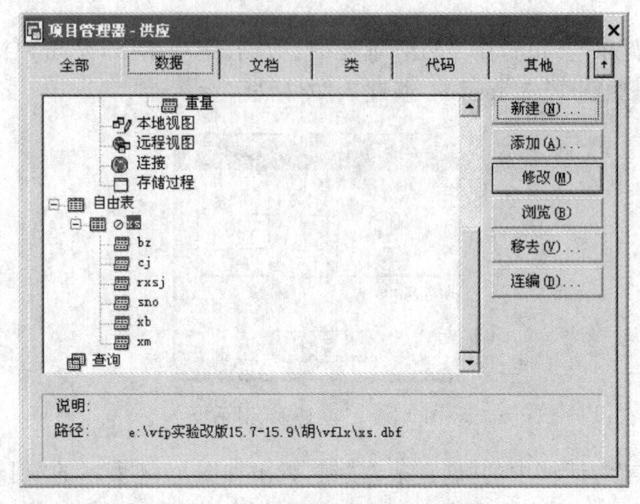

图 17-6　在项目管理器中查看表

⑤关闭项目管理器。

(二)实验操作

1. 在 VFLX 文件夹中创建项目文件 xm.pjx，并在其中新建一个查询文件 zg.qpr，该查询文件针对表职工.dbf 和工资.dbf，查询职务中含有“长”字或未婚女性的“姓名”和“基本工资”字段。

2. 在 VFLX 文件夹的项目文件供应.pjx 中，完成以下操作。

(1)添加 VFLX 文件夹中的自由表 student.dbf，并增加一个字段“毕业学校，C，20”。

(2)对其中的数据库供应零件.dbc，通过“零件号”字段为零件.dbf 表和供应.dbf 表建立永久联系(零件.dbf 是父表，供应.dbf 是子表)。

(3)为供应.dbf表的“数量”字段设置有效性规则“数量必须大于0并且小于9 999”,错误提示信息是“数量超范围”。

3.在VFLX文件夹中完成以下操作。

(1)创建新的项目文件学生管理.pjx,并在该项目中创建数据库学生.dbc。

(2)将VFLX文件夹中的自由表学生.dbf添加到学生.dbc数据库中。

(3)在学生.dbc数据库中建立表科目.dbf,表结构如表17-1所示。

表17-1　科目.dbf的表结构

字段名	类型	宽度
课程号	字符型	2
课程名	字符型	20
学时	数值型	2

随后向表中输入6条记录,记录内容如表17-2所示(注意大小写)。

表17-2　表记录

课程号	课程名	学时
c1	C++	60
c2	Visual FoxPro	80
c3	数据结构	50
c4	JAVA	40
c5	Visual Basic	40
c6	操作系统	60

(4)为科目.dbf 表创建一个主索引，索引名为“kch”，索引表达式为“课程号”。

(三)实验思考

1.项目文件中的任何文件，是否只能利用项目管理器对其进行操作？

2.项目管理器能够管理哪些资源？

实验18 系统开发案例

一、实验目的

1.熟悉开发一个应用系统的基本过程。

2.掌握运用项目管理器组织应用系统的基本方法。

3.掌握应用系统各功能模块的设计与实现方法。

4.熟悉应用系统的编译和发行的基本方法。

二、实验内容

(一)实验示例

利用项目管理器组织、设计并连编一个学生成绩管理系统的应用系统。

基本要求如下。

①系统由数据库、表单、报表、菜单和程序组成。

②系统中有一个数据库,其中至少包括学生、课程、成绩3张表。学生表中包括5个班,每个班有3~5名学生;课程表中至少有4门课;成绩表中至少有30条记录。

③系统能够通过菜单实现数据维护、查询、统计、报表及退出等功能。

④可以自行设计使系统具有更强的功能,如设置进入系统的口令等。

主要步骤如下。

①建立项目文件。

②打开上述项目文件,在其中建立数据库。

建立3张表,其要求如表18-1所示。

表18-1 表

表名称	字段名	字段类型与宽度
学生	学号	C(8)
	姓名	C(8)
	性别	C(2)
	出生日期	D
	班级	C(10)
课程	课程号	C(4)
	课程名称	C(14)
	学分	N(3,1)
	任课教师	C(8)

续表

数据表名称	字段名	字段类型与宽度
成绩	学号	C(8)
	课程号	C(4)
	成绩	N(5,1)

建立如表 18-2 所示的索引。

表 18-2　表对应的索引

表名称	索引名称	索引类型	索引表达式
学生	学号	主索引	学号
	姓名	普通索引	姓名
课程	课程号	主索引	课程号
	课程名称	普通索引	课程名称
成绩	编号	主索引	学号＋课程号＋Str(成绩,5,1)
	成绩	普通索引	成绩

建立学生与成绩、成绩与课程的关联。

③设计主界面、主菜单和主程序。

主程序是应用系统的入口,用于调用系统主界面表单和系统主菜单。

根据应用系统的功能要求,系统主菜单的结构如表 18-3 所示。

表 18-3　系统主菜单的结构

数据维护	数据查询	数据统计	打印报表	系统
基本信息录入	按学号查询	课程平均分	按班级打印成绩	操作指南
成绩录入	按班级查询	学生平均分	按课程打印成绩	退出
基本信息修改	按姓名查询	班级平均分	按班级打印基本信息	
成绩修改	按成绩查询	学生选课情况	打印学生基本信息	
课程信息录入				
课程修改				

④应用程序的连编。

(二)实验操作

自行设计实用的应用系统,如读者借还书管理系统、便利店收银管理系统、货品供应管理系统等。

第2部分　习　题　集

习题 1　数据库基础知识

Ⅰ、例题解析

例 1-1　采用二维表结构表达实体与实体之间联系的数据模型是________。

A. 层次模型　　B. 实体联系模型　　C. 关系模型　　D. 网状模型

【答案】　C

【解析】　关系模型是用二维表结构来表示实体与实体之间联系的数据模型。

例 1-2　关系运算不包括下列哪一种运算？________

A. 连接运算　　B. 投影运算　　C. 选择运算　　D. 并运算

【答案】　D

【解析】　关系运算是指连接、选择和投影运算。

例 1-3　在关系运算中，选择运算是________。

A. 在基本表中选择满足条件的记录组成一个新的关系

B. 在基本表中选择字段组成一个新的关系

C. 在基本表中选择满足条件的记录和属性组成一个新的关系

D. 上述说法都是正确的

【答案】　A

【解析】　选择运算是在指定的表中选择满足条件的若干条记录，组成一个新关系的运算。因此，只有 A 是对的，B 是投影运算，C 是选择和投影的综合运算。

例 1-4　数据库系统与文件系统的主要区别是________。

A. 文件系统管理的数据量较少，而数据库系统可以管理庞大的数据量

B. 文件系统不能解决数据冗余和数据独立性问题，而数据库系统可以解决

C. 文件系统只能管理程序文件，而数据库系统能够管理各种类型的文件

D. 数据库系统复杂，而文件系统简单

【答案】　B

【解析】　数据库系统和文件系统都复杂，并且都是通过一个特殊的程序管理各种类型的数据文件。数据库系统所有在外存中存放的数据和程序对于操作系统来说都是文件，当然也就不存在文件系统管理的数据量较少这一结论。

例 1-5　下列表达式的值是字符型的是________。

A. DATE()＋10　　B. DATE()－{^2010/1/16}

C. DTOC({^2015/7/16})　　D. YEAR(DATE())

【答案】　C

【解析】　“DATE()＋10”的返回值类型是日期型。“DATE()－{^2010/1/16}”和“YEAR(DATE())”的返回值是数值型。“DTOC({^2015/7/16})”是将日期型数据转换成字符型数据。

例 1-6　运算结果是字符串 book 的表达式是________。

A. LEFT("mybook",4)　　B. RIGHT("bookgood",4)

C. SUBSTR("mybookgood",4,4)　　D. SUBSTR("mybookgood",3,4)

【答案】 D

【解析】 LEFT,RIGHT,SUBSTR 都是取子字符串的函数。LEFT("mybook",4)表示取左边的 4 个字符,结果是"mybo";RIGHT("bookgood",4)表示取右边的 4 个字符,结果是"good";SUBSTR("mybookgood",4,4)表示从第 4 个字符开始取 4 个字符,结果是"ookg";SUBSTR("mybookgood",3,4)表示从第 3 个字符开始取 4 个字符,结果是"book"。

例 1-7　下列说法正确的是________。

A. 在 Visual FoxPro 中,使用一个普通变量之前要先声明或定义

B. 定义数组以后,系统为数组的每个数组元素赋以数值 0

C. 在 Visual FoxPro 中,数组的各个数组元素的数据类型可以不同

D. 数组的下标下限是 0

【答案】 C

【解析】 在 Visual FoxPro 中,使用数组时需要事先定义,使用普通变量则不需要先声明或定义;数组定义以后,系统为数组的每个数组元素赋值为逻辑型数据.F.,不是数值 0;数组的下标下限是 1,不是 0;与其他高级语言不同,Visual FoxPro 的数组中的各个数组元素的数据类型可以不同。

例 1-8　假设使用 DIMENSION a(5)定义了一个一维数组 *a*,正确的赋值语句是________。

A. a(6)=10　　B. a=10

C. a[1],a[2],a[3]=10　　D. STORE 10 a[1],a[2],a[3]

【答案】 B

【解析】 由于定义的数组长度是 5,a(6)的下标超出范围;在 Visual FoxPro 中,赋值号的左边只能是一个变量,不能是多个,a[1],a[2],a[3]=10 无疑是错误的;使用 STORE 赋值的语法是"STORE＜表达式＞TO＜内存变量名表＞",D 选项中无 TO,语法错误;只有 B 选项是正确的,表示将 *a* 数组的所有数组元素都赋值为 10。

例 1-9　两个不同实体集的实体间联系有一对一、一对多和________3 种联系。

【答案】 多对多

【解析】 因为现实世界中事物之间的联系有一对一、一对多和多对多 3 种联系,抽象到信息世界必然也同样如此。

例 1-10　关系模型是由一个或多个________组成的集合。

【答案】 关系(表)

【解析】 根据关系模型的定义得出结论。

Ⅱ、练习题

一、选择题

1. 数据库系统由数据库、计算机系统、用户和________构成。

A. 操作系统　　B. 文件系统　　C. 数据集合　　D. 数据库管理系统

2. 关于数据库系统三级模式的说法中，正确的是________。

A. 外模式只有一个，模式和内模式有多个

B. 外模式有多个，模式和内模式都只有一个

C. 外模式、模式、内模式都只有一个

D. 3个模式中，只有模式才是真正存在的

3. Visual FoxPro 6.0是一种关系型数据库管理系统，所谓关系是指________。

A. 各条记录中的数据彼此有一定的关系

B. 数据库中各个字段之间彼此有一定的关系

C. 二维表格

D. 一个数据库文件与另一个数据库文件之间有一定的关系

4. 如果一个班只能有一个班长，而且一个班长不能同时担任其他班的班长，班级和班长两个实体之间的关系属于________关系。

A. 一对一　　B. 一对二　　C. 一对多　　D. 多对多

5. 使用关系运算进行的操作，得到的结果是________。

A. 属性　　B. 元组　　C. 关系模式　　D. 关系

6. 用二维表形式表示的数据模型是________。

A. 层次模型　　B. 关系模型　　C. 网状模型　　D. 网络模型

7. DBMS指的是________。

A. 数据库管理系统　　B. 数据库系统　　C. 数据库应用系统　　D. 数据库服务系统

8. 如果要改变一个关系中属性的排列顺序，使用的关系运算是________运算。

A. 连接　　B. 选择　　C. 投影　　D. 重建

9. 一个关系型数据库管理系统应具备的3种基本关系操作是________。

A. 选择、投影与连接　　B. 排序、索引与查询

C. 插入、删除与修改　　D. 编辑、浏览与替换

10. 对于关系的描述中，正确的是________。

A. 同一个关系中允许有完全相同的元组

B. 同一个关系中的元组必须按关键字升序存放

C. 在一个关系中必须将关键字作为关系的第一个属性

D. 同一个关系中不能出现相同的字段名

11. 关于关系模式的关键字，以下说法正确的是________。

A. 一个关系模式可以有多个主关键字

B. 主关键字可以取空值

C. 有一些关系模式没有关键字

D. 一个关系模式可以有多个候选关键字

12. 关系中的主关键字不允许取空值是指________约束规则。

A. 实体完整性　　B. 数据完整性　　C. 用户定义完整性　　D. 引用完整性

13. 数据库DB、数据库系统DBS、数据库管理系统DBMS三者之间的关系是________。

A. DBS包括DB和DBMS　　B. DBMS包括DB和DBS

C. DB包括DBS和DBMS　　D. DBS就是DB，也就是DBMS

14. 下列有关数组的说法中,不正确的是________。

A. 在 Visual FoxPro 中,只有一维数组和二维数组

B. 数组在使用 DIMENSION 命令定义之后,就已经具有了初值

C. 数组中各个数组元素的数据类型必须一致

D. 通过数组的重新定义,可以将一维数组变成二维数组

15. Visual FoxPro 内存变量的数据类型不包括________。

A. 数值型　　B. 货币型　　C. 备注型　　D. 逻辑型

16. 在下面的数据类型中默认值为.F.的是________。

A. 数值型　　B. 字符型　　C. 逻辑型　　D. 日期型

17. 设有变量“sr="2015年上半年全国计算机等级考试"”,能够显示“2015年上半年计算机等级考试”的命令是________。

A. ? sr-"全国"

B. ? SUBSTR(sr,1,8)+ SUBSTR(sr,11,17)

C. ? SUBSTR(sr,1,12)+SUBSTR(sr,17,30)

D. ? SUBSTR(sr,1,2)+SUBSTR(sr,17,28)

18. 设有变量“pi=3.1 415926”,执行命令“? ROUND(pi,3)”的显示结果为________。

A. 3.14　　B. 3.142　　C. 3.140　　D. 3.000

19. 执行“? AT("教授","副教授")”命令的显示结果是________。

A. .T.　　B. 2　　C. 3　　D. 0

20. 同时给内存变量 a1 和 a2 赋值的正确命令是________。

A. a1,a2=1　　B. a1=1,a2=1　　C. STORE 1,a1,a2　　D. STORE 1 TO a1,a2

21. 若内存变量“a1='12'”,则命令“? &a1+2.5”的结果是________。

A. 122.5　　B. 4.5　　C. a12.5　　D. 14.5

22. 执行如下命令序列后,显示的结果是________。

```
STORE 100 TO YA
STORE 200 TO YB
STORE 300 TO YAB
STORE "A" TO N
STORE "Y&N" TO M
?&M
```

A. 100　　B. 200　　C. 300　　D. Y&M

23. 以下各表达式中,运算结果为字符型的是________。

A. SUBS("123.456",5)　　B. "IBM" $ "Computer"

C. ?ROUND(PI(),3))　　D. YEAR=2015

24. 要判断数值型变量 Y 是否能被 3 整除,错误的条件表达式为________。

A. MOD(Y,3)=0　　B. INT(Y/3)=Y/3

C. Y%3=0　　D. INT(Y/3)=MOD(Y,3)

25. 命令“? LEN(STR(96.2,6,1))”的执行结果是________。

A. 2　　B. 5　　C. 6　　D. 8

26. 函数“LEN('1234□'-'1234')”的值是________。

A. 0　　B. 10　　C. 3　　D. 6

27. 设 x="Hello□ ",y="World",则 x-y 的值是________。

A. "Hello□World"　　B. "HelloWorld□"

C. "□HelloWorld"　　D. "HelloWorld"

28. X=LTRIM(TRIM("□□ABC□□□"))的结果是________。

A. ABC□□　　B. □□ABC　　C. □□ABC□□□　　D. ABC

29. 执行下列命令序列后,输出的结果是________。

```
X="ABCD"
Y="EFG"
?SUBSTR(X,IIF(X<>Y,LEN(Y),LEN(X)),LEN(X)-LEN(Y))
```

A. A　　B. B　　C. C　　D. D

30. 在下面的 Visual FoxPro 表达式中,不正确的是________。

A. {^2014-05-01}-10　　B. {^2014-05-01}-DATE()

C. {^2014-05-01}+10　　D. {^2014-05-01}+[1000]

31. 有如下赋值语句,结果为“大家好”的表达式是________。

a="你好",b="大家"

A. b+STR(a,2)　　B. b+SUBSTR(a,2)

C. b+LEFT(a,2)　　D. b+RIGHT(a,2)

32. Val("123.45")的值是________。

A. "123.45"　　B. 123.45　　C. 123.45000　　D. 12345

33. 当 EOF()函数为.T.时,记录指针指向当前表文件的________。

A. 第一条记录　　B. 某一条记录

C. 最后一条记录　　D. 最后一条记录的下面

34. 可以链接或嵌入 OLE 对象的字段类型是________。

A. 通用型和备注型　　B. 备注型

C. 通用型　　D. 任何类型

35. 在 Visual FoxPro 中,可以使用的变量是________。

A. 内存变量和自动变量　　B. 全局变量和局部变量

C. 字段变量和静态变量　　D. 内存变量、字段变量和系统变量

二、填空题

1. Visual FoxPro 是一种数据库管理系统,它在支持标准的面向过程的程序设计方式的同时还支持________的程序设计方式。

2. 数据模型不仅表示反映事物本身的数据,而且还表示________。

3. 域完整性包括数据类型、宽度及________。

4. 在一个关系中有这样一个或几个字段,它(们)的值可以唯一地标识一条记录,这样的字段被称为________。

5. 关系数据库系统中所使用的数据结构是________。

6. 用于实现数据库各种数据操作的软件称为________。

7. 清除主窗口屏幕的命令是________。

8. 二维表中的列称为关系的________。

9. 二维表中的行称为关系的________。

10. 关系模型是用________结构来表示________的模型。

11. 在 Visual FoxPro 中，可以实现的 3 种基本关系运算是________、________、________。

12. 内存变量文件的扩展名为“mem”，将保存在 RM 内存变量文件中的内存变量读入内存，命令为________。

13. 执行命令“DIMENSION a(3,4)”后，数组 a 的各个数组元素的类型为________，值为________。

14. 在数据库的三级模式中，________和________是一种逻辑表示数据的方法，而只有________才是真正存储数据的。

15. 在 Visual FoxPro 的表中，通用型字段存放 OLE 对象，OLE 的中文名称为________。OLE 对象数据存储在扩展名为________的文件中。

16. 设 Visual FoxPro 的当前状态已设置为 SET EXACT ON，则命令“? ″你好吗?″=[你好]”的显示结果是________。

17. 为了能够使日期型数据显示世纪（显示年份为 4 位数据），应使用的命令是________。

18. 执行以下命令后，屏幕显示的结果为________。

```
STORE ″20.15″TO X
?STR(&X,2)+″15&X″
```

19. 执行以下命令后，屏幕显示的结果为________。

```
m=″ABCD″
?m=m+″EFGH″
```

20. 表达式“STR(1234.567,7,2)”和“LEN(str(1234.567,7,2))”的结果分别是________和________。

21. “LEFT(″123456789″,LEN(″数据库″))”的计算结果是________。

22. “AT(″IS″,″THAT IS A BOOK″)”的运算结果是________。

23. STR(109.876,8,4)的值是________。

24. 请对执行下列命令的显示结果填空。

```
STORE 5 TO X
STORE 6 TO Y
?X<Y                          ________
? (X=Y)AND (X<Y)              ________
? (X=Y)OR (X<Y)               ________
S1=″AB″
S2=″CD″
? S1-S2                       ________
? NOT (S1=S2)                 ________
```

三、判断题

1. 在数据库系统里，表的字段之间和记录之间都不存在联系。

2. 按照数据模型分类，数据库系统可以分为 3 种类型：层次、网状和关系。

3. 一个关系表文件中的各条记录的前后顺序不能任意颠倒，一定要按照输入的顺序排列。

4. 关系数据库中的每个关系的形式是二维表，事物和事物之间的联系在关系模型中都用关系来表示。

5. 数据库系统的核心是数据库。

6. 二维表中的记录数、字段数决定了二维表的结构。

习题2　数据表的基本操作

Ⅰ、例题解析

例 2-1　扩展名为“dbf”的文件是________。

A. 表文件　　B. 表单文件　　C. 数据库文件　　D. 项目文件

【答案】　A

【解析】　扩展名为“dbf”的文件是表文件，数据库文件的扩展名为“dbc”，所以选项 A 为正确答案。

例 2-2　当前工作区是 1 区，执行下列命令

```
CLOSE ALL
USE student IN 1
USE course IN 2 ORDER 课程号
```

之后，当前工作区是________。

A. 1 区　　B. 2 区　　C. 3 区　　D. 4 区

【答案】　A

【解析】　Visual FoxPro 向用户提供多个工作区(最多有 32 767 个工作区)，每个工作区可以打开一个表。本题的关键是最后一条命令，表示在 2 区打开表 course 并设置当前有效索引为课程号，但并没有改变当前工作区，当前工作区仍然是 1 区。

例 2-3　打开表并设置当前有效索引(相关索引已建立)的正确命令是________。

A. ORDER student IN 2 INDEX 学号

B. USE student IN 2 ORDER 学号

C. INDEX 学号 ORDER student

D. USE student IN 2

【答案】　B

【解析】　命令“USE student IN 2”表示在第 2 工作区打开表 student，“ORDER 学号”是设置当前有效索引为学号，所以选项 B 为正确答案。

例 2-4　表中有 30 条记录，如果当前记录为第 3 条记录时，把记录指针向下移动 2 条记录，测试当前记录号的函数 RECNO()的值是________。

A. 3　　B. 2　　C. 5　　D. 4

【答案】　C

【解析】　当前记录为第 3 条记录时记录号的值为 3，记录指针向下移动 2 条记录，记录号的值为“3＋2”，所以答案是 C。

例 2-5　为表建立索引后，索引文件名与表文件同名，当表打开时，索引文件自动打开的是________，这种索引文件的扩展名是________。

【答案】　结构复合索引，cdx(注:答案可以是小写字母)

【解析】　一个结构复合索引文件与表具有相同的文件名，扩展名为"cdx"，其中可以包含多个索引项(标识)，每当表打开时自动打开，而且在表修改时自动更新索引文件。

例 2-6　以下关于空值(NULL)叙述正确的是________。

A. 空值等同于空字符串　　B. 空值表示字段或变量还没有确定值

C. Visual FoxPro 不支持空值　　D. 空值等同于数值 0

【答案】　B

【解析】　Visual FoxPro 支持空值的概念，空值是一个尚未确定的值，既不是空字符串，也不是数值 0。

例 2-7　在当前表中，查找第 2 个女同学的记录，应使用命令________。

A. LOCATE FOR 性别='女' NEXT 6　　B. LOCATE FOR 性别='女'

C. LOCATE FOR 性别='女'
　CONTINUE　　D. LIST FOR 性别=女 NEXT 2

【答案】　C

【解析】　执行命令 LOCATE 后将记录指针定位在满足条件的第 1 条记录上，如果要使记录指针指向下一条满足 LOCATE 条件的记录，必须使用 CONTINUE 命令。

例 2-8　要新建一个表 STD2. dbf，其结构与表 STD1. dbf 的结构完全相同，但记录不同，能实现此操作的比较方便的命令是________。

A. USE STD1
　COPY TO STD2　　B. USE STDI
　COPY STRU TO STD2

C. COPY FILE STD1. DBF TO STD2. DBF　D. CREATE STD2 FROM STD1

【答案】　B

【解析】　答案 B 仅复制表结构，比较方便；答案 A 全表复制后还需要删除记录；答案 C 用 COPY FILE 复制表时应当特别注意，如果原表中有备注型字段，必须单独复制，否则复制后的表不能打开。

例 2-9　当前表有"出生日期"(日期型)、"年龄"(数值型)字段，现要根据出生日期来计算年龄，并将计算的年龄值写入"年龄"字段中，使用的命令是________。

A. REPLACE ALL 年龄 WITH DATE()－出生日期

B. REPLACE ALL 年龄 WITH DTOC(DATE())－DTOC(出生日期)

C. REPLACE ALL 年龄 WITH DAY(DATE())－DAY(出生日期)

D. REPLACE ALL 年龄 WITH YEAR(DATE())－YEAR(出生日期)

【答案】　D

【解析】　答案 A 是将当前日期与出生日期的总天数相减，显然是错的；答案 B 中 DTOC(DATE())－DTOC(出生日期)表示的是将当前日期的字符串和出生日期的字符串相减，因此是错的；答案 C 是当前日期的某天与出生日期的某天相减，虽然是日期型，但答案是错的；

只有答案D是求出当前日期的年份减去出生日期的年份，得出的结果才是年龄。

Ⅱ、练习题

一、选择题

1. 以下常量是合法的数值型常量的是________。

A. 123　　B. 123+E456　　C. "123.456"　　D. 123 * 10

2. 备注型字段的长度固定为________。

A. 8　　B. 1　　C. 4　　D. 10

3. 在逻辑运算中，依照的运算原则是________。

A. NOT—OR—AND　　B. NOT—AND—OR

C. AND—OR—NOT　　D. OR—AND—NOT

4. 在 Visual FoxPro 中的表是指________。

A. 报表　　B. 关系　　C. 表格　　D. 表单

5. 表中的记录暂时不想使用时，为提高表的使用效率，对这些记录要进行________。

A. 逻辑删除　　B. 物理删除　　C. 不加处理　　D. 数据过滤器

6. 在 Visual FoxPro 表中，记录是由各个字段值构成的数据，其数据长度比各个字段宽度之和多一个字节，这个字节用来存放________。

A. 记录分隔标记　　B. 记录序号

C. 记录指针定位标记　　D. 删除标记

7. 下列操作中，不能用 MODIFY STRUCTURE 命令实现的操作是________。

A. 增加表字段　　B. 修改表中的字段名

C. 删除表中的某些字段　　D. 修改表中的记录

8. 表中有 30 条记录，如果当前记录为第 1 条记录，把记录指针移到最后一条，测试当前记录号函数 RECNO()的值是________。

A. 31　　B. 30　　C. 29　　D. 28

9. 表中有 30 条记录，如果当前记录为第 30 条记录，把记录指针移到第一条记录，测试当前记录号函数 RECNO()的值是________。

A. 29　　B. 0　　C. 1　　D. O

10. 对表的结构进行操作，是在________环境下完成的。

A. 表设计器　　B. 表向导　　C. 表浏览器　　D. 表编辑器

11. 无论索引是否生效，定位到相同记录上的命令是________。

A. GO TOP　　B. GO BOTTOM　　C. G0 1　　D. SKIP

12. 以下关于索引的正确叙述是________。

A. 使用索引可以提高数据查询速度和数据更新速度

B. 使用索引可以提高数据查询速度，但会降低数据更新速度

C. 使用索引可以提高数据查询速度，对数据更新速度没有影响

D. 使用索引对数据查询速度和数据更新速度均没有影响

13. 若所建立索引的字段值不允许重复,并且一个表中只能创建一个,它应该是________。

A. 主索引　　B. 候选索引　　C. 普通索引　　D. 唯一索引

14. 执行命令“INDEX ON 姓名 TAG index_name”建立索引后,下列叙述错误的是________。

A. 此命令建立的索引是当前有效索引

B. 此命令所建立的索引将保存在.idx 文件中

C. 表中记录按索引表达式升序排序

D. 此命令的索引表达式是“姓名”,索引名是“index_name”

15. 如果需要给当前表增加一个字段,应使用的命令是________。

A. APPEND　　B. MODIFY STRUCTURE

C. INSERT　　D. EDIT

16. 使用 REPLACE 命令时,如果范围子句为 ALL 或 REST,则执行该命令后记录指针指向________。

A. 末记录　　B. 首记录　　C. 末记录的后面　　D. 首记录的前面

17. 在 Visual FoxPro 的表结构中,逻辑型、日期型和备注型字段的宽度分别为________。

A. 1,8,10　　B. 1,8,4　　C. 3,8,10　　D. 3,8,任意

18. 当前表文件中有一个长度为 8 的字符型字段 Name,执行如下命令的结果是________。

```
REPLACE Name WITH "欧阳蕙"
? LEN(Name)
```

A. 3　　B. 6　　C. 10　　D. 8

19. 对专业为中文的学生按入学成绩由高到低排序,入学成绩相同的学生按年龄由大到小排序,应使用的命令是________。

A. SORT TO x1 ON 入学成绩/A,出生日期/D FOR 专业='中文'

B. SORT TO x1 ON 入学成绩/D,出生日期/A FOR 专业='中文'

C. SORT TO x1 ON 入学成绩/A,出生日期/A FOR 专业='中文'

D. SORT TO x1 ON 入学成绩/D,出生日期/D FOR 专业='中文'

20. 表文件及其索引文件(.idx)已打开,要确保记录指针定位在记录号为 1 的记录上,应使用命令________。

A. GO TOP　　B. GO BOF()　　C. GO 1　　D. SKIP 1

21. 将当前表(“成绩”表)中的所有平时成绩按 30%折算,应使用命令________。

A. REPLACE 平时 WITH 平时 * 30%

B. REPLACE 平时 WITH 平时 * 30

C. REPLACE AIL 平时 WITH 平时 * 0.3

D. REPLACE 平时 WITH 平时 * 0.3 FOR AIL

22. 学生关系中有“姓名”、“性别”、“出生日期”等字段,要显示所有 1985 年出生的学生名单,应使用的命令是________。

A. LIST 姓名 FOR 出生日期=1985

B. LIST 姓名 FOR 出生日期='1985'

C. LIST 姓名 FOR YEAR(出生日期)=1985

D. LIST 姓名 FOR YEAR("出生日期")=1985

23. 已知"是否通过"字段为逻辑型,要显示所有未通过的记录应使用命令________。

A. LIST FOR 是否通过="F"　　B. LIST FOR 是否通过<>.F.

C. LIST FOR NOT "是否通过"　　D. LIST FOR NOT 是否通过

24. 下列命令用于显示1970年及其以前出生的学生记录,错误的是________。

A. LIST FOR YEAR(出生日期)<=1970

B. LIST FOR SUBSTR(DTOC(出生日期),7,2)<="70"

C. LIST FOR LEFT(DTOC(出生日期),2)<="70"

D. LIST FOR RIGHT(DTOC(出生日期),2)<="70"

25. 打开"学生"表,指针指向某条记录,当执行命令"DISPLAY WHILE 性别="男""时,显示若干记录,但执行命令"DISPLAY WHILE 性别="女""时,没有显示任何记录,说明________。

A. 表文件是空文件

B. 表文件中没有"性别"字段值为"女"的记录

C. 表文件中的第一条记录的"性别"字段值不是"女"

D. 文件中当前记录的"性别"字段不是"女"

26. "学生"表中有"出生日期"D型字段,要显示学生的姓名及生日的月份和日期,命令是________。

A. ?姓名+MONTH(出生日期)+"月"+DAY(出生日期)+"日"

B. ?姓名+STR(MONTH(出生日期))+"月"+DAY(出生日期)+"日"

C. ?姓名+SUBSTR(MONTH(出生日期))+"月"+SUBSTRDAY(出生日期))+"日"

D. ?姓名+STR(MONTH(出生日期),2)+"月"+STR(DAY(出生日期),2)+"日"

27. 下列命令中不改变数据库记录指针的命令是________。

A. REPLACE ALL　B. RECALL　C. AVERAGE　D. LIST

28. 在当前表的第6条记录前插入一条记录,应使用命令________。

A. GO 6
INSERT　B. GO 5
INSERT BEFORE　C. GO 5
INSERT BLANK　D. GO 6
INSERT BEFORE

29. 有"学生"表,假如前8条记录均为男生记录,执行下列命令后,记录指针定位在________。

```
USE 学生
GOTO 4
LOCATE NEXT 3 FOR 性别="男"
```

A. 第3条记录　B. 第4条记录　C. 第8条记录　D. 第6条记录

30. 在Visual FoxPro中,用LOCATE命令将记录指针指向"王"姓记录后,如要查找下一条"王"姓记录,应使用命令________。

A. LOCATE　B. CONTINUE　C. GO NEXT 1　D. SKIP

31. 执行下面命令后，函数EOF()的值一定为"真"的是________。

A. REPLACE 工资 WITH 工资＋100

B. LIST NEXT 5

C. SUM 工资 TO GZ WHILE 性别＝"男"

D. DISPLAY FOR 工资＞500

32. 在Visual FoxPro中，可以使用FOUND()函数来检测查询是否成功的命令是________。

A. LIST,FIND,SEEK　　　　B. FIND,SEEK,LOCATE

C. LIST,SEEK,LOCATE　　　　D. FIND,DISPLAY,SEEK

33. "学生"表中的"性别"字段为逻辑型(男为逻辑真，女为逻辑假)，执行下列命令后，最后一条命令显示的结果为________。

```
USE 学生
APPEND BLANK
REPLACE 姓名 WITH "李明",性别 WITH .F.
? IIF(性别,"男","女")
```

A. 女　　　　B. 男　　　　C. .T.　　　　D. .F.

34. "学生"表中各记录的"姓名"字段值均为学生全名，执行下列命令后，最后一条命令判断EOF()函数的值是________。

```
USE 学生
INDEX ON 姓名 tag XM
SET EXACT OFF
FIND 赵
DISPLAY 姓名,出生日期          & 在屏幕上显示记录:赵伟 04/02/82
SET EXACT ON
FIND 赵
?EOF()
```

A. 1　　　　B. 0　　　　C. .T.　　　　D. .F.

35. 打开"成绩"表，其中有"课程号"、"学号"、"成绩"字段。不同记录有重复的课程号或重复的学号，用COUNT命令统计所有学生选修的课程有多少，在执行COUNT命令之前应使用的命令是________。

A. INDEX ON 学号 TAG XH

B. INDEX ON 课程号 TAG KCHH

C. INDEX ON 学号 TAG XH UNIQUE

D. INDEX ON 课程号 TAG KCHH UNIQUE

36. 在表文件已打开后，打开索引文件的命令是________。

A. USE <索引文件名>　　　　B. INDEX WITH <索引文件名>

C. SET INDEX TO <索引文件名>　　　　D. INDEX ON <索引文件名>

37. 在数据表STUDENT中共有50条记录，执行下列命令后，显示的结果为________。

```
SET DELETED ON
USE STUDENT
GO 5
DELETE
COUNT TO A
?A,RECCOUNT()
```

A. 50　50　　B. 49　50　　C. 50　49　　D. 49　49

38. 执行下列命令后，最后显示的值是________。

```
USE 工资
SUM 基本工资 FOR 基本工资>=500 TO JBGZ
COPY TO 工资1 FIELDS 职工号 FOR 基本工资>=500
USE 工资1
NUM=RECCOUNT()
?JBGZ/NUM
```

A. 所有基本工资在500以上的职工的人数

B. 所有基本工资在500以上的职工的平均基本工资

C. 所有职工的平均基本工资

D. 出错信息

39. "工资"表及其相应的索引文件已经打开，下列操作错误的是________。

A. SET INDEX TO　　B. COPY TO JBGZ1 FOR 基本工资>=1000

C. COPY FILE TO JBGZ2. DBF　　D. COPY STRUCTURE TO JBGZ3

40. 要把表1中的全部记录的"姓名"字段复制到表2中，使用的命令是________。

A. USE 表1
　COPY TO 表2 FIELDS 姓名

B. USE 表1
　COPY TO 表2

C. COPY 表1 TO 表2 FIELDS 姓名

D. COPY FILE 表1 TO 表2

41. 要删除当前表中全部记录的"地址"字段的值，使用的命令是________。

A. DELETE　　B. PACK

C. MODIFY STRUCTURE　　D. REPLACE

42. 已经为B工作区中的表文件按"学号"字段建立索引，如将A工作区中的表文件按关键字段"学号"与B工作区中的表文件建立关联，正确的操作是________。

A. SET RELATION ON 学号 INTO B　　B. SET RELATION TO B INTO 学号

C. SET RELATION ON 学号 TO B　　D. SET RELATION TO 学号 INTO B

43. 有"学生"表(学号，姓名，专业)在1号工作区打开，"成绩"表(学号，课程号)在2号工作区打开。当前工作区为1号区，要求用物理连接产生一个表"kchb. dbf"，使其只包含选修课程名为"09001"的学生姓名和专业，应使用命令________。

A. JOIN WITH B TO kchb FOR 学号=B->学号 AND B->课程号="09001"

B. JOIN WITH B TO kchb FIELDS 姓名，专业；
　FOR 学号=B->学号 AND B->课程号="09001"

C. JOIN WITH B TO kchb FOR 学号＝B－＞学号 OR B－＞课程号＝"09001"

D. JOIN WITH B TO kchb FIELD 姓名,专业 FOR B－＞课程号＝"09001"

44. 在 Visual FoxPro 中,将 STUDENT1. dbf 改名为 STUDENT2. dbf,使用的命令是________。

A. REN STUDENT1. dbf TO STUDENT2. dbf

B. RENAME STUDENT1 TO STUDENT2

C. RENAME STUDENT1. dbf TO STUDENT2. dbf

D. USE STUDENT1

RENAME STUDENT1. dbf TO STUDENT2. dbf

二、填空题

1. 在 Visual FoxPro 中选择一个没有使用的、编号最小的工作区的命令是________。

2. 同一表的多个索引可以创建在一个索引文件中,索引文件名与相关的表同名,索引文件的扩展名是________,这种索引称为________。

3. 可以随着表的打开而自动打开的索引文件是________文件。

4. 物理删除表中数据时,要先完成________的操作。

5. 定义表结构时,除了要定义表中有多少个字段外,同时还要定义每一个字段的________等。

6. 命令“APPEND BLANK”是在表的尾部增加一条________记录。

7. 要一次删除表中的全部记录,可以使用________命令。

8. “图书”表中有字符型字段“图书编号”,要求将图书编号中以字母 A 开头的图书记录全部打上删除标记,应使用命令________。

9. 在 Visual FoxPro 中,存储图像的字段类型应该是________。

10. 把当前表的当前记录的“学号”、“姓名”字段值复制到数组 B 的命令是

SCATTER FIELD 学号,姓名________

11. 字段属性的取值范围称为域,在“职工”表中,字段“婚否”为逻辑型,它的域为________。

12. 设当前打开的表共有 40 条记录,当前记录指针指向第 5 条记录,若要显示 5～10 号之间的记录,使用的命令是________。

13. 记录指针的定位有________和________两种。命令________可以使记录指针移到记录末,命令________可以使记录指针向上移动 7 个记录位置。

14. 假设已将“图书”表中按“出版社”(C 型)字段建立索引。用索引查询语句将记录指针定位在出版社为“清华大学出版社”的第一条记录上,使用的命令是________;如想定位下一条满足条件的记录,使用的命令是________。

15. 在创建索引文件时,索引字段值可以重复,但要使重复的索引字段值只有唯一一个值出现在索引文件中,可在索引命令中增加可选项________。

16. 确定结构复合索引文件中的索引标识“KCHB”为主控索引的命令是________。

17. 有表“教师”,统计职称为“副教授”的人数,并保存在变量 X 中,使用的命令是________。

18. 有表“图书”(图书编号,出版社,单价,总数,借出数),该表及相应的索引文件(按出版社索引)已经打开。按出版社汇总图书总数和借出数并存入分类汇总表“tshuzh. dbf”中,使用的命令是________。

19. 执行如下命令,创建新表 TJZC. dbf 并追加记录,记录的值是统计的“教师”表中的副教授的人数。完成填空。

```
SELECT 1
USE 教师                (有字段:姓名(字符型);职称(字符型))
COUNT TO X FOR 职称="副教授"
SELECT 2
CREATE TJZC. DBF        (创建字段:职称(字符型);人数(数值型))
________
REPLACE 职称 WITH "副教授", 人数 WITH ________
```

20. 执行如下命令。

```
USE 学生
LIST
```

记录号	姓名	性别	年龄
1	郑盈莹	女	24
2	王小艳	女	23
3	赵伟	男	27
4	和音	男	24
5	康红	女	26
6	夏天	男	25

```
INDEX ON 年龄 TO AGE
SEEK 26
SKIP
?姓名,年龄
```

执行最后一条命令后,屏幕显示的内容为________。

21. 执行如下命令。

```
USE 职工
LIST
```

记录号	姓名	年龄	职称	基本工资
1	杨为中	21	实验师	500.00
2	赵静	29	讲师	600.00
3	刘学	18	工人	400.00
4	尚网	40	工程师	700.00
5	王码	22	实验师	550.00

```
6        李刚        45    总工程师   800.00
INDEX ON 职称＋STR(基本工资,6,2)TAG GZ
SEEK "实验师"
SKIP
DISPLAY
```

则最后一条命令输入后，屏幕显示的姓名为________，基本工资为________。

22. 有学生考试成绩表“成绩.dbf”如下，先把“成绩”表中“笔试成绩”和“上机成绩”均及格记录的“合格否”字段（逻辑型）修改为逻辑真，再将合格的记录追加到另一个表“合格.dbf”中（与“成绩”表结构相同），请填空。

```
USE 成绩
LIST
记录号    准考证号     姓名     笔试成绩    上机成绩    合格否
  1      20070101    王小鹏      80         90        .F.
  2      20070102     林森       70         55        .F.
  3      20070103    张东海      58         70        .F.
  4      20070104    吴小刚      90         80        .F.
REPALCE ________ FOR 笔试成绩>=60 AND 上机成绩>=60
USE 合格
APPEND FROM 成绩 FOR ________
LIST
```

23. 在计算机等级考试成绩表“成绩.dbf”中，未参加考试者的记录上已打上逻辑删除标记“＊”。为汇总实际参加考试者成绩的平均分，请完成下列命令序列。

```
USE 成绩
SET ________ ________
AVERAGE ALL 考试成绩 TO AVGCHJ
?AVGCHJ
```

24. 有 3 个表，其结构如下。编程完成填空，使其显示学生的姓名、所修课的课程号和课名及相应的平均成绩。

```
学生.dbf,有字段:学号,姓名,性别,出生日期,专业
成绩.dbf,有字段:学号,课程号,平时成绩,考试成绩,平均成绩
课程.dbf,有字段:课程号,课名,学分
  SELECT 1
  USE 学生
  INDEX ON ________ TAG XH
  SELECT 2
  USE 课程
  INDEX ON 课程号 TAG KCHH
  SELECT 3
```

```
USE 成绩
SET RELATION TO 学号 ________
SET RELATION TO 课程号 INTO B ________
LIST A.姓名,B.课程号,B.课名,C.平均成绩
```

三、判断题

1.如果表文件中有100条记录,当前记录号为76,执行命令"SKIP 30"后,再执行命令"? RECNO()",其结果是101。

2.如果打开一个空表文件,用函数RECNO()测试,其结果一定是1。

3.表文件CJ.dbf中有"性别"(C)和"平均分"(N)字段,用命令"LIST FOR 性别="女" AND (平均分>90 AND 平均分<60)"可以显示平均分超过90和不及格的全部女生记录。

4.设当前表有28条记录,在下列3种情况下:当前记录为1,EOF()为真时,BOF()为真时,命令"?RECNO()"的结果分别是1,29,1。

5.把"学生"表中的字段名"姓名"改为"XM",同时把该字段的宽度从8位改成6位并存盘。显示记录时,记录"XM"字段的数据全被截取成前6位。

习题 3　数据库的基本操作

Ⅰ、例题解析

例 3-1　扩展名为“dbf”的文件是________。

A. 表文件　　B. 表单文件　　C. 数据库文件　　D. 项目文件

【答案】 A

【解析】 扩展名为“dbf”的文件是表文件，数据库文件的扩展名为“dbc”。

例 3-2　以下叙述中不正确的是________。

A. 数据库表可以建立多个主索引　　B. 数据库表可以建立多个候选索引

C. 数据库表可以建立多个普通索引　　D. 数据库表可以建立多个唯一索引

【答案】 A

【解析】 Visual FoxPro 提供 4 种类型的索引：主索引、候选索引、普通索引和唯一索引。一个数据库表可以建立一个主索引、多个候选索引、多个普通索引和多个唯一索引。

例 3-3　设有两个数据库表，父表和子表之间是一对多的联系，为控制子表和父表的关联，可以设置参照完整性规则，为此要求这两个表________。

A. 在父表连接字段上建立普通索引，在子表连接字段上建立主索引

B. 在父表连接字段上建立主索引，在子表连接字段上建立普通索引

C. 在父表连接字段上不需要建立任何索引，在子表连接字段上建立普通索引

D. 在父表和子表的连接字段上都要建立主索引

【答案】 B

【解析】 按照参照完整性规则，在父表中建立主索引，在子表中建立普通索引，这样建立的联系为一对多的联系。

例 3-4　可以保证实体完整性的索引是________。

A. 主索引和候选索引　　B. 候选索引和普通索引

C. 唯一索引和主索引　　D. 主索引和普通索引

【答案】 A

【解析】 数据的实体完整性是保证表中记录唯一的特性，即在一个表中不允许有重复的记录。主索引和候选索引均要求索引关键字段或表达式不能有重复值，而普通索引和唯一索引均无此要求。

例 3-5　在 Visual FoxPro 6.0 中，利用数据库表的字段有效性规则实现数据的________。

A. 实体完整性　　B. 参照完整性　　C. 域完整性　　D. 更新完整性

【答案】 C

【解析】 数据完整性包括实体完整性、域完整性和参照完整性，数据库表的字段类型、字段宽度和字段有效性规则限制了字段的取值范围，从而实现了数据的域完整性。

Ⅱ、练习题

一、选择题

1. 在 Visual FoxPro 中，建立自由表“图书.dbf”的命令是________。

A. MODIFY COMMAND 图书.dbf　　B. MODIFY STRUCTURE 图书.dbf

C. CREATE 图书.dbf　　D. CREATE TABLE 图书.dbf

2. 在 Visual FoxPro 中，关于自由表叙述正确的是________。

A. 自由表不能加入到数据库中　　B. 自由表不能建立字段级规则和约束

C. 自由表不能建立候选索引　　D. 自由表和数据库表完全相同

3. 在 Visual FoxPro 中，建立数据库表时，将“年龄”字段值限制在 20～40 岁之间的约束属于________。

A. 参照完整性　　B. 域完整性

C. 实体完整性　　D. 视图完整性

4. 在 Visual FoxPro 中，创建一个名为 SDB.dbc 的数据库文件，使用的命令是________。

A. CREATE　　B. CREATE SDB

C. CREATE TABLE SDB　　D. CREATE DATABASE SDB

5. 下面有关索引的描述正确的是________。

A. 建立索引后，原来的数据库表文件中的记录的物理顺序将被改变

B. 使用索引并不能加快对表的查询操作

C. 创建索引是创建了索引关键字的值与记录号之间的对照表

D. 索引与数据库表的数据存储在一个文件中

6. 参照完整性规则不包括________。

A. 插入规则　　B. 更新规则　　C. 删除规则　　D. 检索规则

7. 设有关系 R1 和 R2，经过关系运算得到结果 R3，则 R3 是一个________。

A. 关系　　B. 表单　　C. 数据库　　D. 数组

8. 通过指定字段的数据类型和宽度来限制该字段的取值范围，这属于数据完整性中的________。

A. 实体完整性　　B. 参照完整性　　C. 域完整性　　D. 字段完整性

9. 以下叙述正确的是________。

A. 可以为自由表的字段设置默认值，而数据库表不能

B. 数据库表可以建立字段级规则和约束，而自由表不能

C. 在自由表之间可以建立参照完整性规则，而数据库表不能

D. 自由表不能被加入到数据库中

10. 在 Visual FoxPro 中，“数据库”与“表”的关系是两者________。

A. 概念相同

B. 概念不同，“表”是一个或多个“数据库”的容器

C. 概念不同，“数据库”是一个或多个“表”的容器

D. 概念不同，“表”是“数据库”的集合

11. 在向数据库中添加表时，可以添加的表是________。

A. 属于其他数据库中的表　　B. 不属于任何其他数据库中的表

C. 不属于两个以上数据库中的表　　D. 任意的表

12. 在 Visual FoxPro 中，数据库表与自由表相比具有许多优点，以下不属于其优点的是________。

A. 可以指定数据库表字段的默认值和输入掩码

B. 可以创建表之间的临时关系

C. 可以规定数据库表的字段有效性规则和记录有效性规则

D. 支持 INSERT，UPDATE，DELETE 事件触发器

13. 关于数据库中的表之间的永久关系，下列说法正确的是________。

A. 数据库关闭之后自动取消

B. 无法删除

C. 使用 SET RELATION 命令创建的是永久性关系

D. 如不删除，永久关系作为数据库的一部分长期保存

14. 下列关于索引的说法中，不正确的是________。

A. 主索引和普通索引的索引表达式中涉及的字段必须用字段名

B. 普通索引名必须用字段名表示

C. 主索引名不是必须用字段名表示

D. 一个数据库表只能设置一个主索引

15. 在 Visual FoxPro 中设置参照完整性时，若要设置成当更改父表中的某一记录时，若子表中有相应的记录，则禁止该操作，应选择________。

A. 限制　　B. 忽略　　C. 级联　　D. 限制或级联

16. 在设计数据库表时，若在“学号”字段的“输入掩码”文本框中输入“JHDX9999”，则在输入数据时输入的格式为________。

A. 由字母 JHDX 和 4 个 9 组成　　B. 由任意两个字母和 4 个 9 组成

C. 由字母 JHDX 和 1～4 位数字组成　　D. 由字母 JHDX 和 4 位数字组成

17. 从数据库中删除表 STUDENT. dbf 的命令是________。

A. DELETE TABLE STUDENT　　B. ALTER TABLE STUDENT

C. DROP TABLE STUDENT　　D. REMOVE TABLE STUDENT

18. 依次执行以下 6 条命令。

```
SELECT 1
USE F1
SELECT 2
USE F2
SELECT 3
USE F3
```

现在要给 F1 追加记录，但又不改变当前表的打开状态，应该使用命令序列________。

A. GO F1
APPEND　　B. GO 1
APPEND　　C. SElECT 1
APPEND　　D. USE F1
APPEND

二、填空题

1. 在 Visual FoxPro 中数据库文件的扩展名是________，数据库表文件的扩展名是________。

2. 打开“学习”数据库的命令是________，打开数据库设计器的命令是________ DATABASE。

3. 可以为字段建立字段有效性规则和记录有效性规则的表是________。

4. 使用“SET RELATION TO”命令取消表之间存在的________关系。

5. Visual FoxPro 数据库表的参照完整性是通过表之间的________关系建立的。

6. 在 Visual FoxPro 中，实体完整性是利用________或候选关键字来保证表中记录的唯一。

7. Visual FoxPro 中的自由表就是那些不属于任何________的表。

8. 一个数据库表只能有一个________索引。

9. 为了设置两个表之间的数据参照完整性，要求这两个表是________。

10. 数据库表之间的一对多关系通过主表的________索引和子表的________索引实现。

11. 在 Visual FoxPro 中，为了保证数据的________完整性，主索引和候选索引不允许在指定字段或表达式中出现重复值，并且其主关键字不能取空值。

12. 参照完整性与表之间的永久关系有关，即在一个表中进行________、________、________记录时，通过参照引用关联的另一个表的数据的检测来保证数据的完整性。

13. 数据库表支持的事件触发器有________、________、________。

14. 执行下列命令后，“成绩”表所在的工作区为________。

```
SELECT 1
USE 学生
SELECT 4
USE 课程
SELECT 0
USE 成绩
```

三、判断题

1. Visual FoxPro 的主索引和候选索引可以保证数据的实体完整性。

2. 数据库是一个容器，其中可以含有表、视图等对象，它们之间的联系是一种逻辑上的联系。数据库文件中记录着它所包含对象的信息，用户的数据存储在表和视图中。

3. 自由表和数据库表是完全相同的。

4. 自由表不能被加入到数据库中。

5. 可以为数据库表字段设置默认值，而自由表字段不能设置默认值。

6. 自由表可以添加到数据库中，也可以从数据库中移出。

7. 如某个表从数据库中移出，与之相联系的所有主索引、默认值及有关的规则都随之消失。

8. 数据库中的任何一个表中只能建立一个主索引，其主索引的关键字值可以为 NULL。

9. 可以为自由表设置主索引、候选索引、唯一索引和普通索引。

10. 删除一个数据库后，其数据库内的表也随着被删除。

习题 4　视图与查询

Ⅰ、例题解析

例 4-1　以下关于视图的描述正确的是________。

A. 不能根据自由表建立视图　　　　B. 只能根据自由表建立视图

C. 只能根据数据库表建立视图　　　D. 可以根据数据库表和自由表建立视图

【答案】　D

【解析】　因为视图是用 SQL SELECT 语句根据数据库表、视图或自由表定义的虚拟表，因此只能选择 D。

例 4-2　下列选项中，视图不能完成的是________。

A. 指定可更新的表　　　　　　　B. 指定可更新的字段

C. 删除和视图相关联的表　　　　D. 检查更新合法性

【答案】　C

【解析】　因为视图可以指定可更新的表，可以更新字段的值，检查更新合法性，因此只能选择 C。

例 4-3　下面有关视图的叙述中，错误的是________。

A. 视图的数据源只能是数据库表和视图，不能是自由表

B. 在视图设计器中不能指定查询去向

C. 视图没有相应的文件，视图定义保存在数据库文件中

D. 使用 USE 命令可以打开或关闭视图

【答案】　A

【解析】　视图的数据可以来自数据库表、自由表和其他视图，故选项 A 错误。视图设计器没有查询去向的问题，故选项 B 正确。视图不作为独立的文件存储，而是存放在定义它的数据库中，故选项 C 正确。建立视图后，可用 USE 命令打开视图和关闭视图，故选项 D 正确。

例 4-4　以下关于查询的描述正确的是________。

A. 不能根据自由表建立查询　　　　B. 只能根据自由表建立查询

C. 只能根据数据库表建立查询　　　D. 可以根据数据库表和自由表建立查询

【答案】　D

【解析】　因为查询实际上就是预定义的 SQL SELECT 语句，它可以基于数据库表、视图和自由表，因此只能选择 D。

例 4-5　查询设计器________生成所有的 SQL 查询语句。

【答案】　不能

【解析】　使用查询设计器只能生成一些比较规则的 SQL SELECT 语句，对于复杂的查询它就无能为力了。

Ⅱ、练习题

一、选择题

1. 以下关于视图的描述正确的是________。

A. 视图保存在项目文件中　　B. 视图保存在数据库文件中

C. 视图保存在表文件中　　D. 视图保存在视图文件中

2. 视图不能单独存在，它必须依赖于________。

A. 视图　　B. 数据库　　C. 数据表　　D. 查询

3. 视图设计器中包括的选项卡有________。

A. 字段、筛选、排序依据、更新条件　　B. 字段、条件、分组依据、更新条件

C. 条件、排序依据、分组依据、更新条件　　D. 条件、筛选、杂项、更新条件

4. 在 Visual FoxPro 中，关于视图的正确叙述是________。

A. 视图与数据库表相同，用来存储数据

B. 视图不能同数据库表进行连接操作

C. 在视图中不能进行更新操作

D. 视图是从一个或多个数据库表导出的虚拟表

5. 下面有关视图的描述正确的是________。

A. 可以使用 MODIFY STRUCTURE 命令修改视图的结构

B. 视图不能删除，否则影响原来的数据文件

C. 视图是对表的复制产生的

D. 使用 SQL 对视图进行查询时必须事先打开该视图所在的数据库

6. 在 Visual FoxPro 中，以下关于视图描述中错误的是________。

A. 通过视图可以对表进行查询　　B. 通过视图可以对表进行更新

C. 视图是一个虚拟表　　D. 视图就是一种查询

7. 下面关于查询设计器的正确描述是________。

A. 用 CREATE VIEW 命令打开查询设计器建立查询

B. 使用查询设计器生成的 SQL 语句存盘后将存放在扩展名为“qpr”的文件中

C. 使用查询设计器可以生成所有的 SQL SELECT 查询语句

D. 使用“DO <查询文件名>”命令执行查询时，查询文件可以不带扩展名

8. 在 Visual FoxPro 中，关于查询正确的描述是________。

A. 查询是使用查询设计器对数据库进行操作

B. 查询是使用查询设计器生成各种复杂的 SQL SELECT 语句

C. 查询是使用查询设计器帮助用户编写 SQL SELECT 命令

D. 使用查询设计器生成查询程序，与 SQL 语句无关

9. 查询设计器和视图设计器的主要不同表现在________。

A. 查询设计器有“更新条件”选项卡，没有“查询去向”选项卡

B. 查询设计器没有“更新条件”选项卡，有“查询去向”选项卡

C. 视图设计器没有“更新条件”选项卡，有“查询去向”选项卡

D. 视图设计器有“更新条件”选项卡，也有“查询去向”选项卡

10. 如果要在屏幕上直接看到查询结果，查询去向应该选择________。

A. 屏幕　B. 浏览　C. 临时表或屏幕　D. 浏览或屏幕

11. 下述选项中，________不是查询的输出形式。

A. 数据表　B. 图形　C. 报表　D. 表单

12. 在查询设计器中建立一个或(OR)条件必须使用的选项卡是________。

A. 字段　B. 连接　C. 筛选　D. 杂项

13. 在 Visual FoxPro 中，关于查询和视图的正确描述是________。

A. 查询是一个预先定义好的 SQL SELECT 语句文件

B. 视图是一个预先定义好的 SQL SELECT 语句文件

C. 查询和视图都是同一种文件，只是名称不同

D. 查询和视图都是一个存储数据的表

14. 在 Visual FoxPro 中，要运行查询文件“query1. qpr”，可以使用命令________。

A. DO query1　B. DO query1. qpr

C. DO QUERY query1　D. RUN query1

15. 实现多表查询的数据不能是________。

A. 远程视图　B. 多个数据库表　C. 多个自由表　D. 本地视图

16. 查询和视图的共同点是________。

A. 相应的 SQL 语句　B. 可以更新

C. 不能更新　D. 可以存放在数据库中

17. 查询文件中保存的是________。

A. 查询命令　B. 查询条件　C. 查询结果　D. 与查询有关的表

18. 视图与基表的关系是________。

A. 视图随基表的打开而打开　B. 基表随视图的打开而打开

C. 视图随基表的关闭而关闭　D. 基表随视图的关闭而关闭

19. 查询的数据源可以是________。

A. 自由表　B. 数据库表　C. 视图　D. 以上均可

20. 查询设计器是一种________。

A. 建立查询的方式　B. 建立报表的方式

C. 建立数据库的方式　D. 打印输出方式

21. 多表查询必须设定的选项卡为________。

A. 字段　B. 联接　C. 筛选　D. 更新条件

22. 以纯文本形式保存设计结果的设计器是________。

A. 查询设计器　B. 表单设计器

C. 菜单设计器　D. 以上都不对

23. 在查询设计器的“添加表和视图”对话框中，单击“其他”按钮用于添加________。

A. 视图　B. 其他查询

C. 本数据库中的表　D. 本数据库之外的表

24. 在 Visual FoxPro 中，查询设计器和视图设计器很像，如下描述正确的是________。

A. 使用查询设计器创建的是一个包含 SQL SELECT 语句的文本文件

B. 使用视图设计器创建的是一个包含 SQL SELECT 语句的文本文件

C. 查询和视图有相同的用途

D. 查询和视图实际都是一个存储数据的表

25. 在 Visual FoxPro 中，关于查询和视图的不正确描述是________。

A. 查询和视图都是一个存储数据的表

B. 视图必须依赖于数据库的存在而存在

C. 视图和查询的数据源可以来自于表或视图

D. 查询是一个预先定义好的 SQL SELECT 语句文件

二、填空题

1. 利用 Visual FoxPro 的查询设计器设计的 SQL 查询语句，不仅可以对数据库表、视图进行查询，还可对________进行查询。

2. Visual FoxPro 的视图设计器可以设计本地视图和________。

3. Visual FoxPro 的查询设计器执行时，如果查询是基于多个表，而这些表间没有建立永久联系，则打开查询设计器之前还会打开一个指定________的对话框，由用户来设计连接条件。

4. 在 Visual FoxPro 查询设计器的“排序依据”选项卡中需要指定用于排序的字段和________方式。

5. 查询设计器的“筛选”选项卡用来指定查询的________。

6. 为了通过视图更新基本表中的数据，需要在视图设计器中选中________复选框。

7. 查询设计器的结果是将 SQL SELECT 语句以________扩展名的文件保存在磁盘文件中。

8. Visual FoxPro 数据库中的本地视图的________随该视图的打开而自动打开，但不是随视图的关闭而关闭。

9. 创建视图时，数据库必须是________的状态。

10. 查询中的分组依据是将记录分组，每个分组生成查询结果中的________条记录。

三、判断题

1. 视图和查询一样，一旦创建就可单独使用。

2. 所有的 SQL SELECT 查询语句都可以通过查询设计器得到。

3. 在 Visual FoxPro 中，为了建立远程视图必须首先建立与远程数据源的连接。

4. 利用视图可以更新源数据表中的数据，查询也能更新源数据表中的数据。

5. 创建视图时，相应的数据库必须是打开状态。

6. 视图中的数据源不能是另外一个视图。

7. 利用查询可以定义输出去向，但不能修改数据。

8. 使用查询设计器创建的是一个包含 SQL SELECT 语句的文本文件。

9. 查询和视图具有相同的作用。

10. 查询是一种特殊的文件，只能通过查询设计器创建。

习题 5 SQL 查询

Ⅰ、例题解析

例 5-1 在 SELECT 语句中,用来指定查询所用的表的子句是________。

A. WHERE　　B. GROUP BY　　C. ORDER BY　　D. FROM

【答案】 D

【解析】 在 SELECT 语句中,WHERE 子句用于指定表之间的连接条件或记录的过滤条件,GROUP BY 子句用于对记录进行分组,ORDER BY 子句用于对记录进行排序,FROM 子句用于指定查询所用的表。

例 5-2 求每个终点的平均票价的 SQL 语句是________。

A. SELECT 终点,AVG(票价)FROM ticket GROUP BY 票价

B. SELECT 终点,AVG(票价)FROM ticket GROUP BY 终点

C. SELECT 终点,AVG(票价)FROM ticket ORDER BY 票价

D. SELECT 终点,AVG(票价)FROM ticket ORDER BY 终点

【答案】 B

【解析】 根据题目的要求,求每个终点的平均票价,则按不同的终点分组查询,用 AVG()函数计算每组的平均票价值,故正确的 SQL 语句是

```
SELECT 终点,AVG(票价)FROM ticket GROUP BY 终点
```

例 5-3 在 SQL 语句中,表达式“工资 BETWEEN 1220 AND 1250”的含义是________。

A. 工资＞1220 AND 工资＜1250

B. 工资＞1220 OR 工资＜1250

C. 工资＞＝1220 AND 工资＜＝1250

D. 工资＞＝1220 OR 工资＜＝1250

【答案】 C

【解析】 BETWEEN…AND 表示在范围之间是闭区间,所以 C 是正确答案。

例 5-4 使用 SQL 语句从表 student 中查询所有姓“王”的同学的信息,正确的命令是________。

A. SELECT * FROM student WHERE LEFT(姓名,2)= "王"

B. SELECT * FROM student WHERE RIGHT(姓名,2)= "王"

C. SELECT * FROM student WHERE TRIM(姓名,2)= "王"

D. SELECT * FROM student WHERE STR(姓名,2)= "王"

【答案】 A

【解析】 本题考查 SQL 语句中条件查询语句的书写。选项 B 中的 RIGHT()函数是取“姓名”字段值最右边的一个字;选项 C 中的 TRIM()函数是删除“姓名”字段值的尾部空格;选

项D中的STR()函数是将数值表达式转换成字符串;选项A中的LEFT()函数是从“姓名”字段中取第一个字,利用表达式“LEFT(姓名,2)= "王"”,才能正确地描述查询条件。

例5-5 在Visual FoxPro中,以下有关SQL SELECT语句的叙述中,错误的是________。

A. SELECT子句中可以包含表的列和表达式

B. SELECT子句中可以使用别名

C. SELECT子句规定了结果集中的列的顺序

D. SELECT子句中列的顺序应该与表中列的顺序一致

【答案】 D

【解析】 在SQL SELECT子句中,可以从表中指定不同字段值进行输出,即表中的列,指定的列次序可以重新排列,不需要与原表一致。SQL的查询子句可以包含表中的表达式及使用表的别名。

例5-6 下列关于SQL对表的定义的说法中,错误的是________。

A. 利用CREATE TABLE语句可以定义一个新的数据表结构

B. 利用SQL的表定义语句可以定义表中的主索引

C. 利用SQL的表定义语句可以定义表中的完整性、字段有效性规则等

D. 对于自由表的定义,SQL同样可以实现其完整性、有效性规则等信息的设置

【答案】 D

【解析】 在SQL的定义功能中,所定义的新表结构的内容和在表设计器中定义一个新表的内容一样,可以完成其所有功能,包括主索引、域完整性约束、字段有效性规则等。但对于自由表的定义和表设计器中一样,都不能定义自由表的主索引、域完整性约束、字段有效性规则等,只能进行一些最基本的操作,如定义字段名、宽度和类型等。

例5-7 统计“学生”表的总人数,请写出下面SELECT语句的完整形式。

SELECT ________ FROM 学生

【答案】 COUNT(*)

【解析】 COUNT()函数的功能是统计记录的个数。要求有自变量,当自变量使用“*”时,用于统计表中所有记录个数。

例5-8 使用SQL删除数据命令时,如果不使用WHERE子句,则________删除表中________记录。

【答案】 逻辑,所有

【解析】 在使用SQL DELETE删除数据时,若不使用WHERE子句,则删除表中全部的记录。SQL删除属于逻辑删除。

例5-9 不属于SQL操纵命令的是________。

A. REPLACE　　B. INSERT　　C. DELETE　　D. UPDATE

【答案】 A

【解析】 INSERT,UPDATE和DELETE命令属于SQL数据操作命令,REPLACE不是SQL操作命令,故选择A选项。

例 5-10 在 Visual FoxPro 中，下列关于 SQL 表定义语句(CREATE TABLE)的说法中，错误的是________。

A. 可以定义一个新的基本表结构

B. 可以定义表中的主关键字

C. 可以定义表的域完整性、字段有效性规则等

D. 对自由表，同样可以实现其完整性、有效性规则等信息的设置

【答案】 D

【解析】 用 CREATE TABLE 命令可以完成表设计器所能完成的所有功能。除了建立表的基本功能外，CREATE TABLE 命令还包括满足实体完整性的主关键字 PRIMARY KEY、定义域完整性的 CHECK 约束及出错提示信息 ERROR、定义默认值的 DEFAULT 等；而自由表作为不属于任何数据库的表，不支持主关键字、参照完整性和表之间的联系。

Ⅱ、练习题

一、选择题

1. SQL SELECT 语句的功能是________。

A. 定义　　B. 查询　　C. 修改　　D. 控制

2. 标准 SQL 查询模块的结构是________。

A. SELECT…FROM…ORDER BY

B. SELECT…WHERE…GROUP BY

C. SELECT…WHERE…HAVING

D. SELECT…FROM…WHERE

3. 一条没有指明去向的 SQL SELECT 语句执行之后，会把查询结果显示在屏幕上，要退出这个窗口，应该按的键是________。

A. Alt　　B. Delete　　C. Esc　　D. Return

4. 在 SQL 语句中用于分组的短语是________。

A. MODIFY　　B. ORDER BY

C. GROUP BY　　D. SUM

5. 在表 ticket 中查询所有票价小于 100 元的车次、始发站和终点信息的命令是________。

A. SELECT * FROM ticket WHERE 票价<100

B. SELECT * FROM ticket WHERE 票价>100

C. SELECT 车次,始发站,终点 FROM ticket WHERE 票价>100

D. SELECT 车次,始发站,终点 FROM ticket WHERE 票价<100

6. 若要从“学生”表中检索出 jg 并去掉重复记录，可使用如下 SQL 语句。

SELECT ________ jg FROM 学生

A. ALL　　B. *　　C. ?　　D. DISTINCT

7. 在 Visual FoxPro 的 SQL SELECT 语句中，不能使用________函数。

A. AVG()　　B. SUM()

C. COUNT()　　D. EOF()

8. 下列关于 SQL 中 HAVING 子句的描述中,错误的是________。

A. HAVING 子句必须与 GROUP BY 子句同时使用

B. HAVING 子句与 GROUP BY 子句无关

C. 使用 WHERE 子句的同时可以使用 HAVING 子句

D. 使用 HAVING 子句的作用是限定分组的条件

9. 有关查询设计器,正确的描述是________。

A. "联接"选项卡与 SQL 语句的 GROUP BY 短语对应

B. "筛选"选项卡与 SQL 语句的 HAVING 短语对应

C. "排序依据"选项卡与 SQL 语句的 ORDER BY 短语对应

D. "分组依据"选项卡与 SQL 语句的 JOIN ON 短语对应

10. 查询有 10 名以上(含 10 名)职工的部门信息(部门名和职工人数),并按职工人数降序排序。正确的命令是________。

A. SELECT 部门名,COUNT(职工号)AS 职工人数 FROM 部门,职工;
WHERE 部门.部门号=职工.部门号;
GROUP BY 部门名 HAVING COUNT(*)>=10 ;
ORDER BY COUNT(职工号)ASC

B. SELECT 部门名,COUNT(职工号)AS 职工人数 FROM 部门,职工;
WHERE 部门.部门号=职工.部门号;
GROUP BY 部门名 HAVING COUNT(*)>=10 ;
ORDER BY COUNT(职工号)DESC

C. SELECT 部门名,COUNT(职工号)AS 职工人数 FROM 部门,职工;
WHERE 部门.部门号=职工.部门号;
GROUP BY 部门名 HAVING COUNT(*)>=10 ;
ORDER BY 职工人数 ASC

D. SELECT 部门名,COUNT(职工号)AS 职工人数 FROM 部门,职工;
WHERE 部门.部门号=职工.部门号;
GROUP BY 部门名 HAVING COUNT(*)>=10 ;
ORDER BY 职工人数 DESC

11. 统计只有两名以下(含两名)学生选修的课程情况,统计结果中的信息包括课程名称、开课院系和选修人数,并按选课人数排序。正确的命令是________。

A. SELECT 课程名称,开课院系,COUNT(课程编号)AS 选修人数;
FROM 学生成绩,课程 WHERE 课程.课程编号=学生成绩.课程编号;
GROUP BY 学生成绩.课程编号 HAVING COUNT(*)<=2;
ORDER BY COUNT(课程编号)

B. SELECT 课程名称,开课院系,COUNT(学号)选修人数;
FROM 学生成绩,课程 WHERE 课程.课程编号=学生成绩.课程编号 ;
GROUP BY 学生成绩.学号 HAVING COUNT(*)<=2;
ORDER BY COUNT(学号)

C. SELECT 课程名称,开课院系,COUNT(学号)AS 选修人数;

FROM 学生成绩,课程 WHERE 课程.课程编号=学生成绩.课程编号 ;

GROUP BY 课程名称 HAVING COUNT(学号)<=2;

ORDER BY 选修人数

D. SELECT 课程名称,开课院系,COUNT(学号)AS 选修人数;

FROM 学生成绩,课程 HAVING COUNT(课程编号)<=2;

GROUP BY 课程名称 ORDER BY 选修人数

12. 有表"订单.dbf":订单号 C(4),客户号 C(4),职员号 C(3),签订日期 D,金额 N(6.2):

(1)要查询订单数在 3 个以上、订单的平均金额在 200 元以上的职员号。正确的 SQL 语句是________。

A. SELECT 职员号 FROM 订单;

GROUP BY 职员号 HAVING COUNT(*)>3 AND AVG_金额>200

B. SELECT 职员号 FROM 订单;

GROUP BY 职员号 HAVING COUNT(*)>3 AND AVG(金额)>200

C. SELECT 职员号 FROM 订单;

GROUP BY 职员号 HAVING COUNT(*)>3 WHERE AVG(金额)>200

D. SELECT 职员号 FROM 订单;

GROUP BY 职员号 WHERE COUNT(*)>3 AND AVG_金额>200

(2)查询订购单号首字符是"P"的订单信息,应该使用命令________。

A. SELECT * FROM 订单 WHERE HEAD(订购单号,1)="P"

B. SELECT * FROM 订单 WHERE LEFT(订购单号,1)="P"

C. SELECT * FROM 订单 WHERE "P"$ 订购单号

D. SELECT * FROM 订单 WHERE RIGHT(订购单号,1)="P"

(3)查询订购单号尾字符是"1"的错误命令是________。

A. SELECT * FROM 订单 WHERE SUBSTR(订购单号,4)="1"

B. SELECT * FROM 订单 WHERE SUBSTR(订购单号,4,1)="1"

C. SELECT * FROM 订单 WHERE "1"$ 订购单号

D. SELECT * FROM 订单 WHERE RIGHT(订购单号,1)="1"

13. 有表"stock.dbf",其内容如下。

股票代码	股票名称	单价	交易所
600600	青岛啤酒	7.48	上海
600601	方正科技	15.20	上海
600602	广电电子	10.40	上海
600603	兴业房产	12.76	上海
600604	二纺机	9.96	上海
600605	轻工机械	14.59	上海
000001	深发展	7.48	深圳
000002	深万科	12.50	深圳

(1)执行如下 SQL 语句后，________。

```
SELECT * FROM stock INTO DBF stock ORDER BY 单价
```

A. 系统会提示语句出错

B. 会生成一个按单价升序排序的表文件，将原来的 stock.dbf 文件覆盖

C. 会生成一个按单价降序排序的表文件，将原来的 stock.dbf 文件覆盖

D. 不会生成排序文件，只在屏幕上显示一个按单价升序排序的结果

(2)与"SELECT * FROM stock WHERE 单价 BETWEEN 12.76 AND 15.20"等价的语句是________。

A. SELECT * FROM stock WHERE 单价<=15.20 AND 单价>=12.76

B. SELECT * FROM stock WHERE 单价<15.20 AND 单价>12.76

C. SELECT * FROM stock WHERE 单价>=15.20 AND 单价<=12.76

D. SELECT * FROM stock WHERE 单价>15.20 AND 单价<12.76

14. 嵌套查询命令中的 IN，相当于________。

A. 等号= B. 集合运算符∈ C. 加号+ D. 减号-

15. 在 SQL 查询语句中，将查询结果存放在永久表中应使用短语________。

A. TOP B. INTO ARRAY C. INTO CURSOR D. INTO TABLE

16. 下列选项中，不属于 SQL 数据定义功能的是________。

A. SELECT B. GREATE C. ALTER D. DROP

17. 将表"GP"中"股票名称"字段的宽度由 8 改为 10，应使用 SQL 语句________。

A. ALTER TABLE GP 股票名称 WITH C(10)

B. ALTER TABLE GP 股票名称 C(10)

C. ALTER TABLE GP ALTER 股票名称 C(10)

D. ALTER GP TABLE 股票名称 C(10)

18. 向"职工表"中插入一条记录，正确的命令是________。

A. APPEND BLANK 职工表 VALUES("1111","1101","王明","1500.00")

B. APPEND INTO 职工表 VALUES("1111","1101","王明",1500.00)

C. APPEND INTO 职工表 VALUES("1111","1101","王明","1500.00")

D. APPEND INTO 职工表 VALUES("1111","1101","王明",1500.00)

19. 在 SQL 的 ALTER TABLE 语句中，删除字段的子句是________。

A. ALTER B. DELETE C. RELEASE D. DROP

20. 使用 SQL UPDATE 命令时，如果省略 WHERE 条件，则是对表的________。

A. 首记录更新 B. 当前记录更新

C. 指定字段类型更新 D. 全部记录更新

二、填空题

1. 在 SQL SELECT 语句中，用于检索的函数有 COUNT，________，________，MAX 和 MIN。

2. 在 ORDER BY 短语的选择项中，DESC 代表________输出；省略 DESC 时，代表________输出。

3. 在 SQL SELECT 语句中将查询结果存放在一个表中应该使用________短语(关键字必须拼写完整)。

4. 设有 s(学号，姓名，性别)和 sc(学号，课程号，成绩)两个表：

(1)用 SQL SELECT 语句检索每门课程的课程号及平均分的语句是(关键字必须拼写完整)。

SELECT 课程号,AVG(成绩)FROM sc ________

(2)用 SQL SELECT 语句检索选修的每门课程的成绩都高于或等于 85 分的学生的学号、姓名和性别。

SELECT 学号,姓名,性别 FROM s;

WHERE ________ ;

(SELECT * FROM sc WHERE sc.学号 = s.学号 AND 成绩< 85)

5. 在 Visual FoxPro 中,使用 SQL SELECT 语句将查询结果存储在一个临时表中,应该使用________短语。

6. 用于显示部分查询结果的 TOP 短语,使用时需与之连用的短语是________。

7. SQL 的操纵语句包括 INSERT,UPDATE 和________。

8. 为"学生表"增加一个"平均成绩"字段的正确命令是

ALTER TABLE 学生表 ADD ________ 平均成绩 N(5,2)

9. 在"职工"表中删除"基本工资"字段的命令是

ALTER TABLE 职工 ________ 基本工资

10. 若给所有学生的年龄增加 1 岁,则使用 SQL 语句

UPDATE 学生 ________ 年龄=年龄+1

11. 在"职工表"中删除"年龄"字段的有效性规则,应使用命令

ALTER TABLE 职工表 ALTER 年龄 ________

12. 删除学生关系中学号值为"0240515"的元组,应使用命令

DELETE ________ 学生 WHERE 学号="0240515"

13. 假设在数组 temp 中存放的是 student 表中的第一条记录,要求通过数组将该记录插入到 stu 表中,命令语句为

INSERT INTO stu ________ temp

14. 在 Visual FoxPro 中,使用 SQL CREATE TABLE 语句建立数据库表时,应该使用________短语说明主索引。

15. 在 SQL 语句中,________ TABLE 用于删除表。

三、判断题

1. 在 Visual FoxPro 中,SQL SELECT 语句是用 FOR 短语来限定筛选条件的。

2. 使用 SQL SELECT 语句时,所涉及的表必须先打开。

3. SQL 的核心是查询，它还包含数据定义、数据操纵和数据控制功能等部分。

4. SELECT 语句的查询结果可根据需要输出到一张独立的表或数组中。

5. 内部联接是指只有满足连接条件的记录才包含在查询结果中。

6. 在 SQL SELECT 语句中，“HAVING ＜条件表达式＞”用来筛选满足条件的分组。

7. 消除 SQL SELECT 查询结果中的重复记录，可采取的方法是使用 UNIQUE 短语。

8. 在 SQL SELECT 语句中，可以使用的函数有 AVG()，SUM()，COUNT()，TOTAL()等。

9. 在 SQL 语句中，如果查找全部字段可以用 ALL 表示。

10. 在 SQL 的嵌套查询中，ANY 和 SOME 是同义词。

习题 6 程序设计基础

Ⅰ、例题解析

例 6-1 以下交互式输入命令中,可以接收逻辑型数据的命令是________。

A. INPUT　　B. ACCEPT　　C. WAIT　　D. 以上都是

【答案】 A

【解析】 INPUT,ACCEPT,WAIT 命令的功能都是暂停程序的运行,等待用户从键盘输入数据。其中,INPUT 命令执行时,用户可以输入任意合法的表达式,即字符型、数值型、日期型、逻辑型数据;ACCEPT 命令等待用户从键盘输入字符串;WAIT 命令只能输入一个字符。

例 6-2 在 WAIT,ACCEPT 和 INPUT 命令中,需要以 Enter 键表示输入结束的命令是________。

A. WAIT,ACCEPT,INPUT　　B. WAIT,ACCEPT

C. ACCEPT,INPUT　　D. INPUT,WAIT

【答案】 C

【解析】 INPUT 命令用于输入任意合法的表达式,用户以 Enter 键结束输入。ACCEPT 命令用于输入字符串,用户以按 Enter 键结束输入。WAIT 命令执行时,暂停程序的运行,用户按任意键或单击鼠标时继续程序的运行。

例 6-3 下面程序的输出结果是________。

```
S1="计算机等级考试二级 "
S2="Visual FoxPro 考试"
STORE S1+S2 TO S3
? "二级 Visual FoxPro" $ S3
```

A. .T.　　B. Visual FoxPro 考试

C. .F.　　D. 计算机等级考试二级 Visual FoxPro 考试

【答案】 C

【解析】 "STORE S1+S2 TO S3"语句将 S1 和 S2 字符串连接存储到变量 S3 中,注意字符串 S1 尾部的空格不会消除,连接结果 S3 变量的值为"计算机等级考试二级 Visual FoxPro 考试";因此,S3 中没有与"二级 Visual FoxPro"匹配的子串。

例 6-4 下面程序的输出结果是________。

```
A=2200
DO CASE
  CASE A>3000
    B=A/1000
```

```
    CASE A>2000
      B=A/100
    CASE A>1000
      B=A/10
    OTHERWISE
      B=A
  ENDCASE
  ? B
```

A. 2200　　B. 220　　C. 22　　D. 2

【答案】 C

【解析】 执行 DO CASE 语句时，依次判断 CASE 后面的条件是否成立。当某个 CASE 后面的条件成立时，就执行该 CASE 和下一个 CASE 之间的语句序列，然后执行 ENDCASE 之后的语句。本题中，*A* 变量的值为 2 200，条件“A>2000”成立，执行“B=A/100”语句，然后执行 ENDCASE 后面的“?B”语句。

例 6-5 在 DO CASE 语句中，如果所有 CASE 后面的逻辑表达式的值都为. F. ，则执行________。

A. ENDCASE 前面的语句　　B. DO CASE 后面的语句

C. OTHERWISE 后面的语句　　D. RETURN 前面的语句

【答案】 C

【解析】 执行 DO CASE 语句时，依次判断 CASE 后面的条件是否成立。如果所有的条件都不成立，若带有 OTHERWISE 子句，则执行 OTHERWISE 与 ENDCASE 之间的语句；若不带 OTHERWISE 子句，则直接转向 ENDCASE 后面的语句。

例 6-6 执行 DO WHILE 语句时，最少可能执行________次循环体。

A. 0　　B. 1　　C. 2　　D. 3

【答案】 A

【解析】 执行 DO WHILE 语句时，先判断 DO WHILE 处的循环条件是否成立。如果条件为“真”，则执行循环体，如果条件为“假”，则结束循环语句，执行 ENDDO 之后的语句。如果第一次判断循环条件就为“假”，程序会跳过循环体，执行 ENDDO 之后的语句。

例 6-7 在 DO WHILE…ENDDO 循环中，若循环条件设置为“. T. ”，则下列说法中正确的是________。

A. 程序不会出现死循环　　B. 程序无法跳出循环

C. 用 EXIT 语句可以跳出循环　　D. 用 LOOP 语句可以跳出循环

【答案】 C

【解析】 在 DO WHILE…ENDDO 循环中，若循环条件为“T”，循环体会反复执行。如果循环体包含 EXIT 语句，那么当执行到 EXIT 语句时，就结束该语句的执行，执行 ENDDO 后面的语句。

例 6-8 在 DO 循环结构中，LOOP 语句的作用是________。

A. 退出过程，返回程序开始处

B. 转移到 DO WHILE 语句行，开始下一个判断和循环

C. 终止循环，将控制转移到本循环结构 ENDDO 后面的第一条语句继续执行

D. 终止程序执行

【答案】 B

【解析】 在 DO WHILE…ENDDO，FOR…ENDFOR 和 SCAN…ENDSCAN 3 种循环结构语句中，LOOP 语句是结束循环体的本次执行，转回到循环体开始处，进行下一个判断和循环；EXIT 语句是终止循环，跳出循环体，转到终止循环语句后面的第一条语句继续执行。

例 6-9 下面程序运行时，语句“? "123"”和“?"ABC"”被执行的次数分别是________。

```
I=0
DO WHILE I<10
  IF INT(I/2)=I/2
    ? "123"
  ENDIF
  ? "ABC"
  I=I+1
ENDDO
```

A. 4,10　　B. 5,10　　C. 4,11　　D. 5,11

【答案】 B

【解析】 循环控制条件为“I<10”，*I* 的初值为 0，每执行一次循环，执行一次“I=I+1”，所以当 *I* 分别为 0,1,2,3,…9 时执行循环体，一共执行 10 次，所以语句“? "ABC"”执行 10 次。在循环体中，IF 语句的条件为“INT(I/2)=I/2”，表示当 *I* 为偶数(0,2,4,6,8)时执行“? "123"”，因此执行“? "123"”语句共 5 次。

例 6-10 下面程序的功能是在“学生信息”表中查找有唱歌特长的学生。如果存在，使用 SQL SELECT 语句显示具有这项特长的学生的全部信息；否则提示“没有发现!”，按任意键退出程序。

请在下划线处填上适当内容，使程序能正确运行。

```
USE 学生信息              && 打开"学生信息"表
LOCATE FOR "唱歌" $ 特长
  IF FOUND()
    ___(1)___
  ELSE
    ___(2)___
ENDIF
  ___(3)___
RETURN
```

【答案】 (1)SELECT * FROM 学生信息 WHERE "唱歌" $ 特长

(2)WAIT "没有发现!"

(3)USE

【解析】 (1)在 Visual FoxPro 中，“$”运算符用于判断一个字符串是否是另一个字符串的子字符串，所以在 SELECT 语句中，查询条件应为“"唱歌" $ 特长”。另外，AT()函数返回一

个字符串在另一个字符串中的起始位置，若不是子字符串，则返回0。所以，也可以用表达式"AT("唱歌",特长)<>0"判断是否有唱歌特长。

(2)要显示提示并按任意键退出，可以使用WAIT命令。

(3)程序结束前，应该关闭打开的表，所以要使用USE命令。

Ⅱ、练习题

一、选择题

1. 在Visual FoxPro中，建立程序文件MYPRG.prg的命令是________。

A. CREATE PROGRAM MYPRG.prg　　B. MODIFY VIEW MYPRG.prg

C. MODIFY STRU MYPRG.prg　　D. MODIFY COMMMAND MYPRG.prg

2. 在Visual FoxPro的命令窗口中执行程序文件FM.prg的命令格式是________。

A. DO PROGRAM FM.prg　　B. DO FM.prg

C. ! FM.prg　　D. RUN FM.prg

3. 关闭Visual FoxPro人机对话状态的命令是________。

A. SET TALK OFF　　B. SET EXACT OFF

C. SET ESCAPE OFF　　D. SET DEFAULT TO

4. 内存变量nm为数值型，从键盘输入数据给nm赋值，应使用命令________。

A. WAIT "请输入nm的值:" TO nm　　B. INPUT "请输入nm的值:" TO nm

C. ACCEPT "请输入nm的值:" TO nm　　D. BROWSE "请输入nm的值:" TO nm

5. 如果要终止一个正在运行的Visual FoxPro程序，应当按________。

A. F1功能键　　B. Ctrl+Break组合键

C. Esc键　　D. Ctrl+Alt+Delete组合键

6. ACCEPT命令用于输入________。

A. 字符型数据　　B. 字符型、数值型和逻辑型数据

C. 字符型和数值型数据　　D. 字符型、数值型、逻辑型和日期型数据

7. 在程序执行过程中，能暂停程序执行，等用户按任意键继续的命令是________。

A. INPUT　　B. WAIT

C. ACCEPT　　D. EXIT

8. 在WAIT、ACCEPT和INPUT 3条命令中，需要以Enter键表示输入结束的命令是________。

A. WAIT、ACCEPT、INPUT　　B. WAIT、ACCEPT

C. ACCEPT、INPUT　　D. INPUT、WAIT

9. 结构化程序设计的3种基本逻辑结构是________。

A. 选择结构、循环结构和嵌套结构　　B. 顺序结构、选择结构和循环结构

C. 选择结构、循环结构和模块结构　　D. 顺序结构、递归结构和循环结构

10. 按照语句排列的先后顺序，逐条依次执行的程序结构是________。

A. 分支结构　　B. 顺序结构　　C. 循环结构　　D. 模块结构

11. Visual FoxPro 中的 DO CASE…ENDCASE 语句属于________。

A. 顺序结构　　B. 选择结构　　C. 循环结构　　D. 模块结构

12. 执行以下程序段,屏幕显示结果是________。

```
X=100
Y=8
X=X+Y
? X, X=X+Y
```

A. 100 .F.　　B. 100 .T.　　C. 108 .T.　　D. 108 .F

13. 执行下列程序,输入"123",屏幕显示结果是________。

```
INPUT TO N
A=0
IF N>=100
  A=N%10
ELSE
  IF N>=10
    A=INT(N/10)
ELSE
A=N
ENDIF
ENDIF
? A
```

A. 0　　B. 3　　C. 12　　D. 123

14. 有如下程序。

```
INPUT TO A
IF A=10
  S=0
ENDIF
S=1
? S
```

假定从键盘输入的 A 是 15,那么程序的执行结果是______。

A. 0　　B. 1　　C. 由 A 的值决定　　D. 程序出错

15. 有以下程序段。

```
DO CASE
  CASE 计算机<60
    ? "计算机成绩是:"+"不及格"
  CASE 计算机>=60
    ? "计算机成绩是:"+"及格"
  CASE 计算机>=70
    ? "计算机成绩是:"+"中"
```

```
  CASE 计算机>=80
    ?"计算机成绩是:"+"良"
  CASE 计算机>=90
    ?"计算机成绩是:"+"优"
ENDCASE
```

设“学生表”当前记录的“计算机”字段的值是“89”，执行上面程序段之后，屏幕输出为________。

A. 计算机成绩是:不及格　　B. 计算机成绩是:及格
C. 计算机成绩是:良　　D. 计算机成绩是:优

16. 以下语句属于不同类的是________。

A. IF…ENDIF　　B. DO WHILE…ENDDO
C. FOR…ENDFOR　　D. SCAN…ENDSCAN

17. 在 DO WHILE…ENDDO 循环结构中，EXIT 命令的作用是________。

A. 退出程序，返回程序开始处
B. 终止循环，将控制转移到 ENDDO 后面的第一条语句继续执行
C. 终止程序运行
D. 转移到 DO WHILE 语句行，开始下一个判断和循环

18. 在 Visual FoxPro 程序设计中，按指定条件和范围，在表中循环查询纪录，应使用的循环结构是________。

A. DO WHILE…ENDDO　　B. SCAN…END SCAN
C. FOR…ENDFOR　　D. DO CASE…ENDCASE

19. 在 Visual FoxPro 中，如果希望跳出 SCAN…ENDSCAN 循环体，执行 ENDSCAN 后面的语句，应使用________。

A. LOOP 命令　　B. EXIT 命令　　C. BREAK 命令　　D. RETURN 命令

20. 执行下列程序以后，内存变量 A 的内容是________。

```
A=0
USE 销售
GO TOP
DO WHILE NOT EOF()
  IF 价格>10
    A=A+1
  ENDIF
  SKIP
END DO
USE
```

A. 价格为 10 的记录数　　B. 价格大于 10 的记录数
C. 价格小于 10 的记录数　　D. 价格大于等于 10 的记录数

21. 下列关于 FOR 循环结构的叙述中，正确的是________。

A. FOR 循环结构的程序不能改写为 DO WHILE 循环结构

B. 在FOR循环结构中,可以使用EXIT命令,但不能使用LOOP命令

C. 在FOR循环结构中,修改循环控制变量可能导致循环次数改变

D. 在FOR循环结构中,可以使用LOOP命令,但不能使用EXIT命令

22. 执行下列程序,屏幕显示结果是________。

```
S=0
FOR I=1TO 8
  S=S+I
ENDFOR
? S
```

A. 8　　B. 9　　C. 36　　D. 37

23. 如果在命令窗口中输入并执行命令"LIST 名称"后,在主窗口中显示如下内容。

```
记录号    名称
  1      电视机
  2      计算机
  3      电话线
  4      电冰箱
  5      电源线
```

假定"名称"字段为字符型,宽度为"6",那么下面程序段的输出结果是________。

```
GO 2
SCAN NEXT 4 FOR LEFT (名称,2)="电"
  IF RIGHT(名称,2)="线"
    LOOP
  ENDIF
  ?? 名称
ENDSCAN
```

A. 电话线　　B. 电冰箱

C. 电冰箱电源线　　D. 电视机电冰箱

24. 当前目录中有表"stock. dbf",内容如下。

股票代码	股票名称	单价	交易所
600600	青岛啤酒	7.48	上海
600601	方正科技	15.20	上海
600602	广电电子	10.40	上海
600603	兴业房产	12.76	上海
600604	二纺机	9.96	上海
600605	轻工机械	14.39	上海
000001	深发展	7.48	深圳
000002	深万科	12.50	深圳

执行下列程序段以后，内存变量 A 的值是________。

```
A=0
USE STOCK
GO TOP
DO WHILE.NOT.EOF()
    IF 单价>10
    A=A+1
  ENDIF
  SKIP
ENDDO
```

A. 1　　　　B. 3　　　　C. 5　　　　D. 7

25. 当前目录中有表"教师.dbf"，内容如下。

职工号	系号	姓名	工资	主讲课程
11020001	01	肖海	3 408	数据结构
11020002	02	王岩盐	4 390	数据结构
11020003	01	刘星魂	2 450	C 语言
11020004	03	张月新	3 200	操作系统
11020005	01	李明玉	4 520	数据结构
11020006	02	孙民山	296	操作系统
11020007	03	钱无名	2 987	数据库
11020008	04	呼延军	3 220	编译原理
11020009	03	王小龙	3 980	数据结构
11020010	01	张国梁	2 400	C 语言
11020011	04	林新月	1 800	操作系统
11020012	01	乔小廷	5 400	网络技术
11020013	02	周兴池	3 670	数据库
11020014	04	欧阳秀	3 345	编译原理

那么下面程序段的输出结果是________。

```
SET TALK OFF
A=0
USE 教师
GO TOP
DO WHILE .NOT.EOF()
  IF 主讲课程="数据结构" OR 主讲课程="C 语言"
    A=A+1
  ENDIF
  SKIP
```

```
ENDDO
? A
SET TALK ON
```

A. 4　　　　B. 5　　　　C. 6　　　　D. 7

二、填空题

1. Visual FoxPro中程序文件的扩展名为________。

2. 要修改当前目录中名为"A. prg"的程序文件,应使用的命令是________。

3. 要从键盘上给一个日期型变量输入数据,应该使用________命令。

4. 结构化程序设计的3种基本逻辑结构是________、________、________。

5. 在Visual FoxPro程序中,________命令的功能是结束当前程序的运行,返回到调用它的上级程序,若无上级程序则返回命令窗口。

6. 在Visual FoxPro程序中,________命令的功能是退出Visual FoxPro系统,返回到操作系统。

7. 执行DO CASE语句时,最多有________个CASE子句被执行。

8. 执行DO WHILE语句时,最少可能执行________次循环体。

9. 循环开始语句为"FOR I=3 TO 10 STEP 3",在循环体中没有对*I*赋值的语句,则循环次数为________次。

10. Visual FoxPro中的SCAN作为循环结构的开始语句,其循环结束语句为________。

11. 下面程序的运行结果是________。

```
CLEAR
X=5
Y=6
Z=7
IF X>Y
  IF Z>8
    X=X+Y
  ELSE
    X=X+Z
  ENDIF
ENDIF
? X
```

12. 下面程序的运行结果是________。

```
S=1
I=0
DO WHILE I<8
  S=S+I
  I=I+2
ENDDO
? S
```

13. 下面程序的运行结果是________。

```
S=1
FOR I=1 TO 10 STEP 5
  S=S*I
NEXT I
? S, I
```

14. 程序A.prg的功能是根据用户输入"1"或"2"对"学生"表追加记录或删除记录，请填空。

```
SET TALK OFF
USE 学生
? "1.追加记录"
? "2.删除记录"
WAIT "请选择(1或2)" To M
IF __(1)__
    APPEND
ELSE
    __(2)__ "请输入要删除的记录号：" To N
    __(3)__
    PACK
ENDIF
USE
SET TALK OFF
```

15. 程序B.prg的功能是求1～100之间所有整数的平方和并输出结果，请填空。

```
SET TALK OFF
CLEAR
S=0
X=1
DO WHILE __(1)__
  __(2)__
  __(3)__
ENDDO
? S
RETURN
```

16. 程序C.prg的功能是显示"学生"表中入学成绩的最高分，请填空。

```
SET TALK OFF
MAXSCORE=0
USE 学生
DO WHILE __(1)__
  IF MAX<入学成绩
      __(2)__
```

```
    ENDIF
        (3)
ENDDO
?"最高分:",MAXSCORE
```

三、判断题

1. 用命令“MODIFY COMMAND ＜程序文件名＞”可以进入程序编辑窗口建立和修改程序。

2. 命令“ACCEPT [＜提示信息＞] TO ＜内存变量＞”为输入语句，该命令输入的数据可以是任意类型，其中输入字符型数据时可以不加定界符。

3. 命令“INPUT [＜提示信息＞] TO ＜内存变量＞”为输入语句，该命令输入的数据可以是任意类型，其中输入字符型数据时可以不加定界符。

4. 执行命令“WAIT TO M”后，内存变量 M 的数据类型是数值型。

5. 在 DO CASE…ENDCASE 分支语句中，DO CASE 和 ENDCASE 必须成对出现。DO CASE 是本结构的入口，ENDCASE 是本结构的出口。

6. 在多分支结构中，CASE 语句的个数是不受限制的。

7. DO WHILE…ENDDO 循环语句属于先执行后判断的循环结构。

8. 在 3 种循环结构中，只有 SCAN…ENDSCAN 结构可以自动移动记录指针到满足条件的记录上。

9. SCAN 循环结构的循环体中必须有 SKIP 语句。

10. EXIT 命令是结束本次循环而开始下一次循环，LOOP 命令是跳出循环。

习题7 表单设计

Ⅰ、例题解析

例 7-1 在表单上创建命令按钮 cmdClose,为实现当用户单击此命令按钮时能够关闭表单的功能,应把语句“ThisForm. Release”写入 cmdClose 对象的________。

A. Caption 事件 B. Name 属性 C. Click 事件 D. Refresh 方法

【答案】 C

【解析】 Caption 属性用于设置命令按钮标题,Name 属性用于设置在程序代码中引用对象的名称,Click 事件用来编写用户单击命令按钮时执行的程序代码,Refresh 方法用于刷新命令按钮。

例 7-2 关于表单数据环境中的表与表单之间的关系的正确叙述是________。

A. 当表单运行时,自动打开表单数据环境中的表

B. 当表单关闭时,不能自动关闭表单数据环境中的表

C. 当表单运行时,表单数据环境中的表处于只读状态,只能显示不能修改

D. 以上几种说法都不对

【答案】 A

【解析】 每一个表单或表单集都包含一个数据环境,表单或表单集的数据环境中定义了表单和表单集使用的数据源,这种数据源包括表、视图及表之间的联系。数据环境与表单一起保存。表单的数据环境具有以下功能:在打开或运行表单时,Visual FoxPro 自动打开数据环境中的表或视图;在关闭或释放表单时,关闭表或视图。

例 7-3 要改变表单上表格对象中当前显示的列数,应设置表格的________。

A. ControlSource 属性 B. RecordSource 属性

C. ColumnCount 属性 D. Name 属性

【答案】 C

【解析】 表格对象的 RecordSource 属性用于绑定表格与数据源,Name 属性用于设置在程序代码中引用对象的名称。表格是容器类控件对象,ColumnCount 属性用于设置表格中包含列控件的个数。表格没有 ControlSource 属性,表格中的列才有 ControlSource 属性,用来绑定数据源。

例 7-4 下面对表单若干常用事件的描述中,正确的是________。

A. 释放表单时,UnLoad 事件在 Destroy 事件之前引发

B. 运行表单时,Init 事件在 Load 事件之前引发

C. 单击表单标题时,引发表单的 Click 事件

D. 上面的说法都不对

【答案】 D

【解析】 选项 A 错误,表单的 Destroy 事件先于 UnLoad 事件引发。选项 B 错误,Load

事件先于 Init 事件引发。选项 C 错误，单击表单的标题栏不会引发表单的 Click 事件。

例 7-5 想要定义标签控件的 Caption 显示字体的大小，要定义标签的________属性(不区分大小写)。

【答案】 FontSize

【解析】 在表单控件中，几乎所有的控件标题显示字体的大小，都是通过 FontSize 属性控制的。

Ⅱ、练习题

一、选择题

1. 下列有关类和对象的叙述中，错误的是________。
   A. 每个 Visual FoxPro 基类都有一套自己的属性、方法和事件
   B. 当扩展某个基类创建用户自定义类时，该基类就是用户自定义类的父类
   C. 继承是指子类自动继承其父类的属性和方法
   D. 类是对象的实例，对象是用户生成类的模板
2. 下面关于类、对象、属性和方法的叙述中，错误的是________。
   A. 类是对一类相似对象的描述，这些对象具有相同种类的属性和方法
   B. 属性用于描述对象的状态，方法用于表示对象的行为
   C. 基于同一个类产生的两个对象可以分别设置自己的属性值
   D. 通过执行不同对象的同名方法，其结果必然是相同的
3. 在下面关于面向对象数据库的叙述中，错误的是________。
   A. 一个子类能够继承其所有父类的属性和方法
   B. 一个父类包括其所有子类的属性和方法
   C. 每个对象在系统中都有唯一的对象标识
   D. 事件作用于对象，对象识别事件并作出相应反应
4. 在 Visual FoxPro 中，表单(Form)是指________。
   A. 数据库中各个表的清单
   B. 一个表中各个记录的清单
   C. 数据库查询的列表
   D. 窗口界面
5. 在表单设计阶段，以下说法不正确的是________。
   A. 拖动表单上的对象，可以改变该对象在表单上的位置
   B. 拖动表单上对象的边框，可以改变该对象的大小
   C. 通过设置表单上对象的属性，可以改变对象的大小和位置
   D. 表单上的对象一旦建立，其位置和大小均不能改变
6. 新创建的表单的默认标题为“Form1”，为把表单标题改变为“欢迎”，应设置表单的________。
   A. Name 属性　　　　B. Caption 属性
   C. Closable 属性　　　　D. AlwaysOnTop 属性

7. 在表单设计器的“属性”窗口中设置表单或其他控件对象的属性时，以下叙述正确的是________。

A. 以斜体字显示的属性值是只读属性，不可以修改

B. “全部”选项卡中包含了“数据”选项卡中的内容，但不包含“方法程序”选项卡中的内容

C. 表单的属性描述了表单的行为

D. 以上都正确

8. 下述描述中不正确的是________。

A. 表单是容器类对象　　B. 表格是容器类对象

C. 选项组是容器类对象　　D. 命令按钮是容器类对象

9. 以下属于容器类控件的是________。

A. TextBox　　B. Form　　C. Label　　D. CommandButton

10. 修改表单 MyForm 的正确命令是________。

A. MODIFY COMMAND MyForm　　B. MODIFY FORM MyForm

C. DO MyForm　　D. EDIT MyForm

11. 对对象的 Click 事件的正确叙述是________。

A. 用鼠标双击对象时引发　　B. 用鼠标单击对象时引发

C. 用鼠标右键单击对象时引发　　D. 用鼠标右键双击对象时引发

12. 以下关于表单数据环境叙述错误的是________。

A. 可以向表单数据环境设计器中添加表或视图

B. 可以从表单数据环境设计器中移出表或视图

C. 可以在表单数据环境设计器中设置表之间的联系

D. 不可以在表单数据环境设计器中添加表或视图

13. 以下叙述与表单数据环境有关，其中正确的是________。

A. 当表单运行时，数据环境中的表处于只读状态，只能显示不能修改

B. 当表单关闭时，不能自动关闭数据环境中的表

C. 当表单运行时，自动打开数据环境中的表

D. 当表单运行时，与数据环境中的表无关

14. 表单的 Caption 属性用于________。

A. 指定表单执行的程序　　B. 指定表单的标题

C. 指定表单是否可用　　D. 指定表单是否可见

15. 关闭表单的程序代码是“ThisForm. Release”，其中的 Release 是表单对象的________。

A. 方法　　B. 属性　　C. 事件　　D. 标题

16. 不可以作为文本框控件数据来源的是________。

A. 数值型字段　　B. 内存变量

C. 字符型字段　　D. 备注型字段

17. 文本框控件的主要属性是________。

A. Enabled　　B. Form　　C. Interval　　D. Value

18. 要设置标签显示文本，应使用的属性是________。

A. Alignment　　B. Caption　　C. Comment　　D. Name

19. 在表单中为了浏览非常长的文本，需要添加的控件是________。

A. 标签　　B. 文本框　　C. 编辑框　　D. 命令按钮

20. 如果想在运行表单时，向 Text2 中输入字符，回显字符显示的是“*”，则可以在 Form1 的 Init 事件中加入语句________。

A. Form1. Text2. PasswordChar= "*"

B. Form1. Text2. Password= "*"

C. ThisForm. Text2. Password= "*"

D. ThisForm. Text2. PasswordChar= "*"

二、填空题

1. 表单的设计基于________编程的思想。

2. 对象的________描述了对象的状态。

3. 在面向对象方法中，类的实例称为________。

4. 表单可以拥有________个属性。

5. 为刷新表单，应调用表单的 Refresh 方法，正确的调用语法格式是________(不区分大小写)。

6. 在 Visual FoxPro 中释放和关闭表单的方法是________(不区分大小写)。

7. 在 Visual FoxPro 的表单设计中，为表格控件指定数据源的属性是________(不区分大小写)。

8. 要改变表单上表格对象中当前显示的列数，应设置表格的________属性。

9. 将设计好的表单存盘时，系统将生成扩展名分别是________和________的两个文件(不区分大小写)。

10. 在 Visual FoxPro 中，运行当前文件夹下的表单 T1. scx 的命令是________(不区分大小写)。

11. 运行表单时，Load 事件在 Init 事件之________被引发。

12. 当用户单击命令按钮时，会触发命令按钮的________事件(不区分大小写)。

13. 用来确定复选框是否被选中的属性是________(不区分大小写)。

14. 标签控件________数据源属性。

15. 在设计表单时，计时器控件是________；在运行表单时，计时器控件是________。

16. 在表单中确定控件是否可见的属性是________。

17. 确定列表框内的某个条目是否被选定应使用的属性是________。

18. 新建表单，添加一个页框 MyPage 控件，含有两个页面。要求用命令将页框第 1 页和第 2 页的 Caption 属性分别设置为“页面 1”和“页面 2”，可在表单的________事件中写入如下语句。

```
ThisForm. Mypage. Pages(1). Caption="页面 1"
ThisForm. Mypage. Pages(2). Caption="页面 2"
```

19. 页框是包含页面的容器对象，而页面本身也是一种________，其中可以包含所需要的控件。

20. 一个用于标记两值状态的控件，如真（复选框内显示√）或假（复选框内显示空白），当属性 Value 的值为“0”时表示________，为“1”时表示________。

三、判断题

1. 控件类能包含其他对象。

2. 表单的属性只能在“属性”窗口中定义。

3. 表格控件使用的数据来源大多数来自于表。

4. 数值型字段不能作为标签控件的数据来源。

5. 数据环境中的表或视图会随着表单的打开或运行而打开，但不随着表单的关闭或释放而关闭。

6. 在表单中，用 Hide 方法可隐藏表单，即将表单的 Visible 属性设置为“.F.”。

7. 组合框与列表框类似，也是用于提供一组条目供用户从中选择。用户也可以将组合框设置为多重选择。

8. 用户可以根据需要为表单创建新方法和新属性。

9. 表单中的标签是用于显示文本的图形控件，被显示的文本可以在屏幕上直接编辑修改。

10. 当表单运行时，用户可以按 Tab 键选择表单中的控件。控件的 Tab 键次序是能改变的。

习题8 菜单设计

Ⅰ、例题解析

例 8-1 菜单设计器的“结果”一列的下拉列表框中可供选择的项目包括________。

A. 命令、过程、子菜单、函数　　B. 命令、过程、子菜单、菜单项

C. 填充名称、过程、子菜单、快捷键　　D. 命令、过程、填充名称、函数

【答案】 B

【解析】 如果当前菜单是条形菜单,在“结果”一列的下拉列表框中可供选择的项目包括命令、过程、填充名称、子菜单。如果当前菜单是子菜单(弹出式菜单),则在“结果”一列的下拉列表框中可供选择的项目包括命令、过程、菜单项、子菜单。

例 8-2 为顶层表单添加菜单时,如果在表单的 Init 事件代码中加入了命令“DO my. mpr WITH THIS,″aaa″”,则在表单的 Destroy 事件代码为清除菜单而加入的命令应该是________。

A. DESTORY MENU my. mpr EXTENDED

B. RELEASE MENU my. mpr EXTENDED

C. RELEASE MENU aaa EXTENDED

D. DESTORY MENU aaa EXTENDED

【答案】 C

【解析】 为顶层表单添加菜单时,在表单的 Init 事件代码中加入的调用菜单程序的命令格式为

DO <文件名> WITH THIS[,″<菜单名>″]

在表单的 Destroy 事件代码中加入的清除菜单的命令格式为

RELEASE MENU <菜单名> [EXTENDED]

两条命令的菜单名是对应的。

A 和 D 选项将关键字 RELEASE 写成了 DESTORY,所以是错误的;而 B 选项是将菜单的程序文件名“my. mpr”写在了<菜单名>处,也是不对的。

例 8-3 菜单程序文件的扩展名是________。

【答案】 mpr

【解析】 运行菜单程序时,一定要使用菜单程序文件的全称,所以必须记住菜单程序文件的扩展名是“mpr”。

Ⅱ、练习题

一、选择题

1. 下列说法中错误的是________。

A. 可以使用“CREATE MENU ＜文件名＞”命令创建一个新菜单

B. 可以使用“MODI MENU ＜文件名＞”命令创建一个新菜单

C. 可以使用“MODI MENU ＜文件名＞”命令修改已经创建了的菜单

D. 可以使用“OPEN MENU ＜文件名＞”命令修改已经创建了的菜单

2. 如果菜单项的名称为“统计”，访问键是“T”，在“菜单名称”一列中应输入________。

A. 统计(\＜T)　　B. 统计(Ctrl＋T)

C. 统计(Alt＋T)　　D. 统计(T)

3. 扩展名为“mnx”的文件是________。

A. 备注文件　　B. 项目文件　　C. 表单文件　　D. 菜单文件

4. 在命令窗口中，可用DO命令运行的菜单程序的扩展名为________。

A. fmt　　B. mpr　　C. mnx　　D. frm

5. 使用Visual FoxPro的菜单设计器时，选中菜单项之后，如果要设计它的子菜单，应在“结果”列中选择________。

A. 填充名称　　B. 子菜单　　C. 命令　　D. 过程

6. 使用“DO mymenu. mpr WITH THIS,″XXX″”语句调用快捷菜单，在定义快捷菜单的“设置”代码时，“PARAMETER＜参数表＞”语句中参数的个数是________。

A. 0　　B. 1　　C. 2　　D. 3

7. 定义快捷菜单时，为快捷菜单定义内部名，应在快捷菜单设计器环境下选择Visual FoxPro系统条形菜单的“显示”→________。

A. “菜单选项”菜单项　　B. “常规选项”菜单项

C. “工具”菜单项　　D. “命名”菜单项

8. 假设已经生成了名为“mymenu”的菜单，执行该菜单可在命令窗口中输入________。

A. DO mymenu　　B. DO mymenu. mpr

C. DO mymenu. pjx　　D. DO mymenu. mnx

9. 菜单设计器中不包括的按钮是________。

A. 插入　　B. 删除　　C. 生成　　D. 预览

10. 为顶层表单添加菜单mymenu时，若在表单的Destroy事件代码中为清除菜单而加入的命令是“RELEASE MENU aaa EXTENDED”，那么在表单的Init事件代码中加入的命令应该是________。

A. DO mymenu. mpr WITH THIS,″aaa″

B. DO mymenu. mpr WITH THIS ″aaa″

C. DO mymenu. mpr WITH THIS,aaa

D. DO mymenu WITH THIS,″aaa″

11. 为表单建立快捷菜单时，调用快捷菜单的命令代码“DO mymenu. mpr WITH THIS”应该插入表单的________中。

A. Destroy 事件　B. Init 事件　C. Load 事件　D. RightClick 事件

12. 以下叙述正确的是________。

A. 条形菜单不能分组　B. 快捷菜单可以包含条形菜单

C. 弹出式菜单不能分组　D. “生成”的菜单才能预览

13. 系统菜单的“文件”→“关闭”菜单项用来关闭________。

A. 所有窗口　B. Visual FoxPro 系统

C. 当前活动窗口　D. 在当前工作区打开的表

14. 每一个菜单项都可以选择设置一个访问键和一个快捷键。访问键通常是一个字符，快捷键的组成通常是________。

A. Shift ＋一个字符键　B. Ctrl ＋一个字符键

C. 空格键 ＋一个字符键　D. Ctrl ＋两个字符键

15. 为顶层表单添加下拉式菜单的过程中，设计菜单时，在“常规选项”对话框中必须选择________。

A. “顶层表单”复选框　B. 菜单代码中的“清理”复选框

C. 菜单代码中的“设置”复选框　D. 位置

二、填空题

1. 为了从用户菜单返回到默认的系统菜单应该使用命令“SET ________ TO DEFAULT”。

2. 弹出式菜单可以分组，插入分组线的方法是在“菜单名称”列中输入 ________ 两个字符。

3. 为某菜单项定义访问键的方法是在要作为访问键的字母前加上________ 两个字符。

4. 一个应用程序一般以菜单的形式列出其具有的功能，而用户则通过________调用应用程序的各种功能。

5. 典型的系统菜单一般是一个下拉式菜单，下拉式菜单通常由一个________和一组________组成。

三、判断题

1. 在 Visual FoxPro 系统中，无论是哪种类型的菜单，当选择其中某个菜单项时都会有一定的动作，这个动作可以是执行一条命令或执行一个过程或激活另一个菜单。

2. 要想执行定义了的菜单，必须生成可执行的菜单程序文件。

3. 在菜单设计器中，不管某菜单项的“结果”列的过程或子菜单的内容填写与否，其列表框右侧都将出现“创建”按钮。

4. 在菜单设计器中，随时可以创建快捷菜单。

5. 快捷菜单一般由一个或一组上下级的弹出式菜单组成。

习题9 报表与标签设计

Ⅰ、例题解析

例 9-1 报表主要由________部分组成。

A. 数据源和报表布局　　B. 标签控件和域控件

C. 数据源和标签控件　　D. 报表设计器

【答案】 A

【解析】 在 Visual FoxPro 中使用的报表里，数据主要来自数据库中的表、视图等，因此数据源是报表的重要组成之一；其次要想把数据很好地表现出来，必须对报表进行布局。

例 9-2 标签设计中的数据源包括________。

A. 数据库表、自由表和查询　　B. 数据库表、自由表

C. 数据库表、自由表和视图　　D. 数据库表、自由表、视图、查询

【答案】 D

【解析】 在 Visual FoxPro 中，标签与一定的数据源相联系，标签的数据源包括数据库表、自由表、视图、查询。

例 9-3 为了在报表中加入一些文字说明，这时应该插入一个________控件。

【答案】 标签

【解析】 报表中的控件分为标签控件和域控件两大类，而插入文字或文本需要使用标签控件，插入字段、变量和表达式则需要使用域控件。

Ⅱ、练习题

一、选择题

1. Visual FoxPro 的报表文件中保存的是________。

A. 打印报表的预览格式　　B. 打印报表本身

C. 报表的格式和数据　　D. 报表设计格式的定义

2. 设计报表不需要定义报表的________。

A. 标题　　B. 页标头　　C. 输出方式　　D. 细节

3. 设计报表要打开________。

A. 表设计器　　B. 报表设计器　　C. 表单设计器　　D. 数据库设计器

4. 在创建快速报表时，基本栏区包括________。

A. 标题、细节和总结　　B. 页标头、细节和页注脚

C. 组标头、细节和组注脚　　D. 报表标题、细节和页注脚

5. 报表文件的扩展名是________。

A. rpt　　B. frx　　C. rep　　D. rpx

6. 打印报表的命令是________。

A. REPORT FORM　　　　B. PRINT REPORT

C. DO REPORT　　　　D. RUN REPORT

7. 报表设计器中不包含在基本栏区的有________。

A. 标题　　B. 页标头　　C. 页脚注　　D. 细节

8. 使用报表向导定义报表时，定义报表布局的选项是________。

A. 列数、方向、字段布局　　　　B. 列数、行数、字段布局

C. 行数、方向、字段布局　　　　D. 列数、行数、方向

二、填空题

1. 报表向导一共分字段选取、分组记录、________、________、________和完成 6 个步骤。

2. 标签向导一共分选择表、________、定义布局、________ 和完成 5 个步骤。

3. 报表标题要通过________控件定义。

4. 为了在报表中加入一个表达式，这时应该插入一个________控件。

5. 为了保证分组报表中数据的正确，报表数据源中的数据应该事先按照某种顺序索引或________。

6. 报表可以在打印机上输出，也可以通过________浏览。

7. 使用快速报表创建报表，仅需选取________和设定报表布局。

8. 如果对报表进行分组，报表会自动包含________和________带区。

9. “图片/ActiveX 绑定控件”按钮用于显示________和________内容。

10. 在报表设计器中想要添加“标题”带区，可在________菜单下选择________菜单项。

三、判断题

1. 报表中不能加入图片。

2. 报表可以完成某些特定的计算。

3. 从面向对象的角度来看，报表可以看成是由各种控件组成的，因此报表设计主要是对控件及其布局的设计。

4. 在 Visual FoxPro 的报表中最多允许 10 层分组。

5. 报表的布局就是指它们的打印格式。

6. 在 Visual FoxPro 中一共提供了报表向导、快速报表和报表设计器 3 种方法创建报表。

7. 在标签设计时，要先在数据源中进行计算，不能在标签设计时进行计算。

8. 在 Visual FoxPro 中，一共提供了两种标签设计的方法。

习题 10　项目管理器的使用

Ⅰ、例题解析

例 10-1　下列关于项目和文件的说法中，正确的是________。

A. 一个项目可以包含多个文件，一个文件只能属于一个项目

B. 一个项目可以包含多个文件，一个文件也可以包含在多个项目中

C. 当将一个文件添加到项目里，则该文件就合并到项目中，不能独立存在

D. 在关闭项目时，Visual FoxPro 会自动删除不包含任何文件的项目

【答案】 B

【解析】 “一个文件包含在项目中”并不是说这个文件已经是这个项目的一部分，项目中的每个文件都是以一种独立的方式存在的，故 C 选项错误。所谓包含，只不过是文件与包含它的项目建立了一种关联，一个项目可以包含多个文件，一个文件也可以包含在多个项目中，故 A 选项错误，B 选项正确。在关闭项目时，Visual FoxPro 不会自动删除不包含任何文件的项目，故 D 选项错误。

例 10-2　在 Visual FoxPro 中，一个项目可以创建________。

A. 一个项目文件，集中管理数据和程序

B. 两个项目文件，分别管理数据和程序

C. 多个项目文件，根据需要设置

D. 以上几种说法都不对

【答案】 A

【解析】 在 Visual FoxPro 中，一个项目只对应一个项目文件，通过项目文件可以集中管理一个项目(应用程序)所涉及的所有数据资源和程序文档等。

例 10-3　项目管理器中的“关闭”按钮用于________。

A. 关闭项目管理器　　　　B. 关闭 Visual FoxPro

C. 关闭数据库　　　　　　D. 关闭设计器

【答案】 C

【解析】 在项目管理器中只有打开数据库时才有“关闭”按钮，所以正确答案是 C。关闭项目管理器的方法是单击项目管理器右上角的“关闭”按钮。关闭或退出 Visual FoxPro 可以使用 Quit 命令，或者单击主界面窗口右上角的“关闭”按钮。D 选项“关闭设计器”是一个干扰项。

例 10-4　表单和报表等在项目管理器中的________选项卡下管理。

【答案】 文档

【解析】 注意一些主要对象的所属类别，表单和报表在“文档”选项卡下管理，与数据和数据库有关的内容在“数据”选项卡下管理，菜单在“其他”选项卡下管理等。

例 10-5 如果添加到项目中的文件标识为“排除”，表示________。

A. 此类文件不是应用程序的一部分

B. 生成应用程序时不包括此类文件

C. 生成应用程序时包括此类文件，用户可以修改

D. 生成应用程序时包括此类文件，用户不能修改

【答案】 C

【解析】 将一个项目编译成一个应用程序时，所有项目包含的文件将组合为一个单一的应用程序文件。在项目连编之后，那些在项目中标记为“包含”的文件将成为只读文件。如果应用程序中包含需要用户修改的文件，必须将该文件标为“排除”。

Ⅱ、练习题

一、选择题

1. 项目管理器的功能是组织和管理与项目有关的各种类型的________。

A. 文件　　B. 程序　　C. 字段　　D. 数据

2. 项目管理器中包括的选项卡有________。

A. “数据”选项卡、“菜单”选项卡和“文档”选项卡

B. “数据”选项卡、“文档”选项卡和“其他”选项卡

C. “数据”选项卡、“表单”选项卡和“类”选项卡

D. “数据”选项卡、“表单”选项卡和“报表”选项卡

3. 利用项目管理器中的“运行”按钮可以运行________。

A. 查询　　B. 程序　　C. 表单　　D. 以上全部都可以

4. 在使用项目管理器时，如果移去一个文件，在提示对话框中单击“Remove(移去)”按钮，系统将会把所选择的文件移走。单击“Delete(删除)”按钮，系统将会把该文件________。

A. 仅仅从项目中移走

B. 仅仅从项目中移走，磁盘上的文件未被删除

C. 不仅从项目中移走，磁盘上的文件也被删除

D. 只是不保留在原来的目录中

5. 在项目中添加表单，应该使用项目管理器的________。

A. “代码”选项卡　　B. “类”选项卡

C. “数据”选项卡　　D. “文档”选项卡

6. 在 Visual FoxPro 的项目管理器中不包括的选项卡是________。

A. 类　　B. 文档　　C. 数据　　D. 表单

7. 在项目管理器中可以完成的操作是________。

A. 新建文件　　B. 删除文件　　C. 修改文件　　D. 以上操作均可以

8. 通过项目管理器中的按钮，不能完成的操作是________。

A. 添加文件　　B. 运行文件　　C. 重命名文件　　D. 连编文件

9. 项目管理器的“运行”按钮用于执行选定的文件，这些文件可以是________。

A. 查询、表单或程序　　B. 表单、报表或标签

C. 查询、视图或表单　　　　　　　　　　D. 以上文件都可以

10. 项目管理器可以有效地管理表、表单、数据库、菜单、类、程序和其他文件，并且可以将它们编译成________。

A. 扩展名为"app"的文件　　　　　　　　B. 扩展名为"exe"的文件

C. 扩展名为"app"或"exe"的文件　　　　D. 扩展名为"prg"的文件

二、填空题

1. Visual FoxPro 的项目文件的扩展名是________(不区分大小写)。

2. Visual FoxPro 打开项目文件的命令是"________ PROJECT"(不区分大小写)。

3. 可以在项目管理器的________选项卡下建立命令文件。

4. 项目管理器的________选项卡用于显示和管理数据库、自由表和查询等。

5. 向项目中添加表单，可以使用项目管理器的________选项卡。

三、判断题

1. 在项目管理器中，不能方便、快捷地浏览表。

2. 在项目管理器中，"+"的标志是表示某一项目的下面包含子项目。

3. 项目管理器对资源文件进行管理时，可以完成修改、删除和复制等操作。

4. 利用项目管理器的"移去"按钮，可以将文件移去，也可以将文件删除。

5. 所谓项目管理器，是指文件、数据、文档和 Visual FoxPro 对象的集合。

第3部分　综合测试题

综合测试题(1)

一、选择题(每题 2 分,共 80 分)

1. 下列运算中,不是关系运算的是________。
   A. 联接运算　B. 选择运算　C. 投影运算　D. 交运算
2. 用二维表形式表示的数据模型是________。
   A. 层次模型　B. 关系模型　C. 网状模型　D. 网络模型
3. 项目管理器中的"文档"选项卡用于显示和管理________。
   A. 项目、应用程序和数据库　B. 数据库表、自由表和文件
   C. 查询、视图和控件　D. 表单、报表和标签
4. 在 Visual FoxPro 中,报表文件的扩展名是________。
   A. dbc　B. frx　C. scx　D. mpr
5. 在 Visual FoxPro 中,下列选项中不属于常量的是________。
   A. {01/02/13}　B. .T.　C. T　D. 'T'
6. 设 X="aa",Y="aabb",下列表达式的结果为"假"的是________。
   A. NOT (X==Y)　B. NOT (Y $ X)
   C. NOT (X>=Y)　D. NOT (X $ Y)
7. 执行下列命令,正确的输出结果是________。

```
STORE -123.4 TO NUM
?"NUM="+STR(NUM,6,1)
```

   A. 123.4　B. -123.4　C. NUM=-123.4　D. NUM=123.4
8. 执行命令"b="计算机考试""后,结果为"考试"的表达式是________。
   A. LEFT(b,4)　B. RIGHT(b,4)　C. LEFT(b,2)　D. RIGHT(b,2)
9. 下列表达式中,写法错误的是________。
   A. "计算机"-"computer"　B. "计算机"+"computer"
   C. .T.-.F.　D. {^2012/08/08}-10
10. 执行如下命令的输出结果是________。

```
? 10%3, 10%-3
```

   A. 1　2　B. 1　1　C. 2　2　D. 1　-2
11. 在 Visual FoxPro 中,以下叙述正确的是________。
   A. 表也称作表单
   B. 一个数据库中的所有表存储在同一个物理文件中
   C. 数据库文件的扩展名是"dbf"
   D. 数据库文件不存储用户数据

12. 在 Visual FoxPro 中，打开表设计器修改数据库表 STUDENT. dbf 的命令是________。

A. MODIFY STRUCTURE　　B. MODIFY COMMAND STUDENT

C. CREATE STUDENT　　D. CREATE TABLE STUDENT

13. 在 Visual FoxPro 中，数据库表的字段有效性规则的设置在________中进行。

A. 项目管理器　　B. 数据库设计器

C. 表设计器　　D. 表单设计器

14. 不允许出现重复字段值的索引是________。

A. 候选索引和主索引　　B. 普通索引和唯一索引

C. 唯一索引和主索引　　D. 唯一索引

15. 有关 PACK 命令的描述，正确的是________。

A. PACK 命令能物理删除当前表的当前记录

B. PACK 命令能物理删除当前表的带有删除标记的记录

C. PACK 命令能物理删除当前表的全部记录

D. PACK 命令能物理删除表的结构和全部记录

16. 要为当前表所有职称为“副教授”的职工增加 500 元津贴，应使用命令________。

A. REPLACE ALL 津贴 WITH 津贴＋500

B. REPLACE 津贴 WITH 津贴＋500 FOR 职称＝"副教授"

C. REPLACE 津贴＝津贴＋500

D. REPLACE 津贴＝津贴＋500 FOR 职称＝"副教授"

17. 在表设计器中，已选中字符型字段“性别”，要设置性别只能填写“男”或“女”，有效性规则条件应该写成________。

A. ＝"男". OR."女"　　B. 性别＝"男". OR."女"

C. "男女" $ 性别　　D. 性别 $ "男女"

18. 在表中设置主索引，其实现了数据完整性中的________。

A. 参照完整性　　B. 实体完整性

C. 域完整性　　D. 用户定义完整性

19. 以下关于视图的描述中，错误的是________。

A. 视图物理上不包含数据　　B. 视图不可更新

C. 视图中的数据可以来自其他表或视图　　D. 视图保存在数据库中

20. SQL 具有________的功能。

A. 数据分析、数据操纵、数据控制　　B. 数据定义、数据恢复、数据控制

C. 数据定义、数据查询、数据控制　　D. 数据定义、数据分类、数据操纵

21. 假设“商品”表中有 C 型字段“产地”，要求逻辑删除产地以“北京”开头的全部商品，正确的 SQL 命令是________。

A. DELETE FROM 商品 FOR 产地＝"北京"

B. DELETE FROM 商品 WHERE 产地＝"北京%"

C. DELETE FROM 商品 FOR 产地 LIKE "北京%"

D. DELETE FROM 商品 WHERE 产地 LIKE "北京%"

22. 为“成绩”表的“期末分”字段添加有效性规则：“分数必须在0到100分之间”，正确的SQL命令是________。

A. ALTER 期末分 SET CHECK 期末分＞＝0 AND 期末分＜＝100

B. ALTER 期末分 SET CHECK 期末分＞＝0 OR 期末分＜＝100

C. ALTER TABLE 成绩 ALTER 期末分 SET CHECK 期末分＞＝0 AND 期末分＜＝100

D. ALTER TABLE 成绩 ALTER 期末分 CHECK 期末分＞＝0 AND 期末分＜＝100

23. 如果“student”表是使用下面的SQL命令创建的。

CREATE TABLE student (学号 C(4)PRIMARY KEY NOT NULL,姓名 C(8),性别 C(2),入学成绩 N(5,1)CHECK(入学成绩＞550 AND 入学成绩＜700))

则下面的SQL语句中可以正确执行的是________。

A. INSERT INTO student (学号,姓名,性别,入学成绩)VALUES ("0542","李雷","男",563)

B. INSERT INTO student (学号,姓名,性别,入学成绩)VALUES ("李雷","男",563)

C. INSERT INTO student (学号,姓名,性别,入学成绩)VALUES ("女",430)

D. INSERT INTO student (学号,姓名,性别,入学成绩)VALUES ("0897","安宁","女",430)

24. 要使“商品”表中所有商品的单价上浮5%，正确的SQL命令是________。

A. UPDATE 商品 SET 单价＝单价 * 5%

B. UPDATE 商品 SET 单价＝单价 * 105%

C. UPDATE 商品 SET 单价＝单价＋单价 * 5%

D. UPDATE 商品 SET 单价＝单价 * 1.05

25. 在SQL SELECT语句中，下列与INTO DBF等价的短语是________。

A. INTO MENU　　　　B. INTO TABLE

C. INTO FORM　　　　D. INTO FILE

26. 设有表order(订单号 C(5)，客户号 C(6)，职员号 C(3)，签订日期 D(8)，金额 N(8,2))，查询2015年所签订单的信息，并按职员号升序排序，正确的SQL命令是________。

A. SELECT * FROM order WHERE 签订日期＝2015 ORDER BY 职员号 ASC

B. SELECT * FROM order WHERE YEAR(签订日期)＝2015 ORDER BY 职员号 ASC

C. SELECT * FROM order WHERE 签订日期＝2015 ORDER BY 职员号 DESC

D. SELECT * FROM order WHERE YEAR(签订日期)＝2015 ORDER BY 职员号 DESC

27. 命令“SELECT * FROM 学生 WHERE ________”用于查询出生日期为空值的记录。

A. IS NULL(出生日期)　　　　B. 出生日期 IS NULL

C. EMPTY(出生日期)　　　　D. 出生日期 IS EMPTY

28. 有如下 3 个表：部门（部门号 C(8)，部门名 C(10)，负责人 C(8)）；职工（职工号 C(10)，部门号 C(8)，姓名 C(8)，性别 C(2)，出生日期 D(8)）；工资（职工号 C(10)，基本工资 N(8,2)，津贴 N(8,2)，奖金 N(8,2)，扣款 N(8,2)）。查询有 5 名以上（含 5 名）职工的部门名和职工人数，按职工人数降序排列。正确的命令是________。

A. SELECT 部门名，COUNT(职工号)AS 职工人数；
　　FROM 部门，职工 WHERE 部门.部门号＝职工.部门号；
　　AND COUNT(＊)＞＝5 GROUP BY 部门名；
　　ORDER BY COUNT(职工号)ASC

B. SELECT 部门名，COUNT(职工号)AS 职工人数；
　　FROM 部门，职工 WHERE 部门.部门号＝职工.部门号；
　　AND COUNT(＊)＞＝5 GROUP BY 部门名；
　　ORDER BY COUNT(职工号)DESC

C. SELECT 部门名，COUNT(职工号)AS 职工人数；
　　FROM 部门，职工 WHERE 部门.部门号＝职工.部门号；
　　GROUP BY 部门名 HAVING COUNT(＊)＞＝5；
　　ORDER BY 职工人数 ASC

D. SELECT 部门名，COUNT(职工号)AS 职工人数；
　　FROM 部门，职工 WHERE 部门.部门号＝职工.部门号；
　　GROUP BY 部门名 HAVING COUNT(＊)＞＝5；
　　ORDER BY 职工人数 DESC

29. 在 Visual FoxPro 中，用于建立或修改程序文件的命令是________。

A. MODIFY PROCEDURE ＜文件名＞　B. MODIFY COMMAND ＜文件名＞

C. CREATE PROCEDURE ＜文件名＞　D. CREATE COMMAND ＜文件名＞

30. 有如下程序段。

```
SET TALK OFF
A=1
B=0
DO WHILE A<=100
  IF A/2=INT(A/2)
    B=B+A
  ENDIF
  A=A+1
ENDDO
? B
SET TALK ON
RETURN
```

该程序的功能是________。

A. 求 1～100 之间的整数和　　　B. 求 1～100 之间的整数积

C. 求1～100之间的偶数和　　D. 求1～100之间的奇数和

31. 在Visual FoxPro中，要结束SCAN…ENDSCAN循环体的本次执行，转回SCAN处重新判断条件的语句是________。

A. LOOP语句　　B. EXIT语句　　C. BREAK语句　　D. RETURN语句

32. 执行命令"DIMENSION myArray(10,10)"后，myArray(5,5)的值为________。

A. 0　　B. ""　　C. .T.　　D. .F.

33. 假设表单上有一选项按钮组，包括"男"、"女"两个单选按钮，且第一个单选按钮"男"被选中。该选项按钮组的Value属性值为________。

A. .T.　　B. 0　　C. 1　　D. 2

34. 在列表框控件设计中，确定列表框内的某个条目是否被选定应使用的属性是________。

A. Value　　B. ColumnCount　　C. ListCount　　D. Selected

35. 假定一个表单里有一个文本框Text1和一个命令按钮组Commandgroup1。命令按钮组中包含Command1和Command2两个命令按钮。如果要在Command1命令按钮的某个方法中访问文本框的Value属性值，正确的表达式是________。

A. This. ThisForm. Text1. Value　　B. This. Parent. Parent. Text1. Value

C. Parent. Parent. Text1. Value　　D. This. Parent. Text1. Value

36. 在命令按钮组中，ButtonCount指定命令按钮的个数，它的默认值是________。

A. 0　　B. 1　　C. 2　　D. 5

37. 下面关于类、对象、属性和方法的叙述中，错误的是________。

A. 类是对一类相似对象的抽象，这些对象具有相同种类的属性和方法

B. 属性用于描述对象的状态，方法用于表示对象的行为

C. 由同一个类产生的两个对象，属性值可以不同

D. 执行不同对象中的同名方法，其结果一定相同

38. 现有一表单，表单上有一个命令按钮Command1，若想单击命令按钮后，表单的标题栏变为"欢迎使用本系统"，则在命令按钮的Click事件中，应使用命令________。

A. Myform. Caption="欢迎使用本系统"

B. ThisForm. Caption="欢迎使用本系统"

C. ThisForm. Command1. Caption="欢迎使用本系统"

D. This. Caption="欢迎使用本系统"

39. 假设有菜单文件mainmu. mnx，下列说法正确的是________。

A. 在命令窗口中利用"DO mainmu"命令，可运行该菜单文件

B. 首先在菜单生成器中，将该文件生成可执行的菜单文件mainmu. mpr，然后在命令窗口执行命令"DO mainmu"可运行该菜单文件

C. 首先在菜单生成器中，将该文件生成可执行的菜单文件mainmu. mpr，然后在命令窗口执行命令"DO mainmu. mpr"可运行该菜单文件

D. 首先在菜单生成器中，将该文件生成可执行的菜单文件mainmu. mpr，然后在命令窗口执行命令"DO MEMU mainmu"可运行该菜单文件

40. 下列关于报表的说法中，正确的是________。

A. 报表必须是多栏报表　　B. 报表的数据源不可以是视图

C. 报表的数据源可以是临时表　　D. 报表的数据源必须是数据库表

二、填空题(每题 2 分，共 20 分)

1. 在关系数据库中，二维表的列称为“属性”，二维表的行称为________。

2. 在 Visual FoxPro 中，项目文件的扩展名是________。

3. 函数“Len("学习 Visual Foxpro")”的值是________。

4. 不带条件和范围的 Visual FoxPro 命令 DELETE 将删除指定表中的________记录。

5. 在 Visual FoxPro 数据库的每个表中只能有一个________索引。

6. 执行 DO WHILE 语句时，最少可能执行________次循环体。

7. 在面向对象的程序设计中，________是构成程序的基本单位和实体。

8. 若想更改表单的标题，则应该设置其________属性。

9. 要释放当前表单，应该使用的方法是________。

10. 已知“图书.dbf”表结构为：图书(总编号 C(6)，分类号 C(8)，书名 C(16)，作者 C(6)，出版单位 C(20)，单价 N(6,2))。如果要在藏书中查询“高等教育出版社”和“科学出版社”的图书，SQL 命令应为

```
SELECT 书名,作者,出版单位 FROM 图书;
WHERE ________________
```

综合测试题(2)

一、选择题(每题 2 分,共 80 分)

1. 数据库 DB、数据库系统 DBS、数据库管理系统 DBMS 之间的关系是________。

A. DB 包含 DBS 和 DBMS　　B. DBMS 包含 DB 和 DBS

C. DBS 包含 DB 和 DBMS　　D. 没有任何关系

2. 以下关于关系的说法正确的是________。

A. 列的次序非常重要　　B. 行的次序非常重要

C. 列的次序无关紧要　　D. 关键字必须指定为第一列

3. 在奥运会游泳比赛中,一个游泳运动员可以参加多项比赛,一个游泳比赛项目可以有多个运动员参加,游泳运动员与游泳比赛项目两个实体之间的联系是________。

A. 一对一　　B. 一对多　　C. 多对多　　D. 多对一

4. 下列数据库技术的术语与关系模型的术语的对应关系中,正确的是________。

A. 记录与属性　　B. 字段与元组　　C. 记录与元组　　D. 字段与域

5. 在 Visual FoxPro 中,程序文件的扩展名是________。

A. mnx　　B. mnt　　C. prg　　D. exe

6. 下列日期型常量的表示中,正确的是________。

A. {2015/12/30}　　B. "2015/12/30"

C. {^2015/12/30}　　D. "^2015/12/30"

7. 在 Visual FoxPro 中,下面关于日期的表达式中,错误的是________。

A. {^2016/1/3}-{^2015/12/2}　　B. {^2016/1/3}+20

C. {^2016/1/3}+{^2015/12/2}　　D. {^2016/1/3}-20

8. 下列表达式中运算结果为“2016”的是________。

A. INT(2015.9)　　B. CEILING(2015.1)

C. ROUND(2016.1,1)　　D. FLOOR(2015.9)

9. 设 A='3*2-5',B=3*2-5,C=[3*2-5],下列表达式中合法的是________。

A. A+B　　B. B+C　　C. A-C　　D. C-B

10. 表达式“VAL(SUBSTR("i7 处理器",2,1)) * LEN("ms visual foxpro")”的结果是________。

A. 5.00　　B. 16.00　　C. 21.00　　D. 80.00

11. 在下列函数中,函数值为数值型的是________。

A. AT('人民','中华人民共和国')　　B. CTOD('01/01/96')

C. BOF()　　D. SUBSTR(DTOC(DATE()),7)

12. 已知“职工表”结构如下:职工(姓名 C(6),出生年月 D(8),婚否 L(1)),则该表总的字段宽度是________。

A. 15　　B. 16　　C. 17　　D. 18

13. 在 Visual FoxPro 的命令中，将记录指针定位到第 6 条记录上的命令是________。

A. GO TOP　　B. GO BOTTOM　　C. SKIP 6　　D. GO 6

14. 在当前表中，查找第 2 个男同学的记录，应使用命令________。

A. LOCATE FOR 性别="男" NEXT 2
B. LOCATE FOR 性别!="男" NEXT 2
C. LOCATE FOR 性别!="男" SKIP 2
D. LOCATE FOR 性别="男" CONTINUE

15. 下列关于索引的叙述中，不正确的是________。

A. Visual FoxPro 支持单一索引文件和复合索引文件
B. 打开和关闭索引文件均使用 SET INDEX TO 命令
C. 索引的类型有主索引、候选索引、唯一索引和普通索引
D. 索引文件不随表的关闭而关闭

16. 从"student"表删除年龄大于 30 的记录的正确 SQL 命令是________。

A. DELETE FOR 年龄>30
B. DELETE FROM student WHERE 年龄>30
C. DELETE student FOR 年龄>30
D. DELETE student WHERE 年龄>30

17. 在 Visual FoxPro 中进行参照完整性设置时，要想设置成：当更改父表中的主关键字段或候选关键字段时，自动更改所有相关子表记录中的对应值。应选择________。

A. 限制　　B. 忽略
C. 级联　　D. 更新

18. 在 Visual FoxPro 中，下面描述错误的是________。

A. 自由表和数据库表之间可以相互转化
B. 自由表是不属于任何数据库的表
C. 自由表支持主关键字、参照完整性和表之间的联系
D. 数据库表支持 INSERT，UPDATE 和 DELETE 事件的触发器

19. 视图是一个虚拟的表，不能单独存在，它保存在________中。

A. 视图　　B. 数据库　　C. 查询　　D. 数据表

20. 在 Visual FoxPro 中，建立索引的命令是________。

A. ALTER INDEX　　B. SET ORDER TO
C. SET INDEX TO　　D. INDEX ON

21. 语句"DELETE ALL FOR 年龄>60"的功能是________。

A. 从当前表中彻底删除年龄大于 60 岁的记录
B. 给当前表中年龄大于 60 岁的记录加上删除标记
C. 删除当前表
D. 删除当前表中的"年龄"列

22. 假设"工资表"中有 100 条记录，当前记录号为 10，用 SUM 命令计算工资和时，若缺省[范围]短语条件，则系统将________。

A. 只计算当前记录的工资和　　B. 计算前 10 条记录的和

C. 计算后90条记录的工资和　　　　D. 计算全部记录的工资和

23. 对于表的索引描述中，________说法是错误的。

A. 每张表只能创建一个主索引和一个候选索引

B. 复合索引文件的扩展名为“cdx”

C. 结构复合索引文件在表打开的同时自动打开

D. 表中数据的显示顺序由主控索引决定

24. 如果学生表“STUDENT”是使用下面的SQL命令创建的。

```
CREATE TABLE STUDENT(SNO C(4)PRIMARY KEY NOT NULL,SN C(8),SEX C(2),AGE
N(2)CHECK(AGE>15 AND AGE<25))
```

下面的SQL命令中可以正确执行的是________。

A. INSERT INTO STUDENT(SN,SEX,AGE)VALUES("王磊","男",20)

B. INSERT INTO STUDENT(SNO,SEX,AGE)VALUES("S9","男",17)

C. INSERT INTO STUDENT(SEX,AGE)VALUES ("男",20)

D. INSERT INTO STUDENT(SNO,SN,AGE)VALUES("S9","王磊",14)

25. 将“stock”表的“股票名称”字段的宽度由8改为10，正确的SQL命令是________。

A. ALTER TABLE stock 股票名称 WTIH C(10)

B. ALTER TABLE stock 股票名称 C(10)

C. ALTER TABLE stock ALTER 股票名称 C(10)

D. ALTER stock ALTER 股票名称 C(10)

26. “课程表”中有“课程号”、“课程名”、“授课老师”3个字段，SQL命令“SELECT * FROM 课程 WHERE 课程名="数据结构"”完成的操作称为________。

A. 选择　　　　B. 投影　　　　C. 连接　　　　D. 并

27. 用于显示部分查询结果的TOP短语，必须与________同时使用才有效果。

A. ORDER BY　　　　B. FROM　　　　C. WHERE　　　　D. GROUP BY

28. 有如下3个数据库表。

学生(学号 C(8),姓名 C(8),性别 C(2),班级 C(8))

课程(课程编号 C(8),课程名称 C(20))

成绩(学号 C(8),课程编号 C(8),成绩 N(5,1))

查询所有选修了“高等数学”的学生的相关成绩，要求信息中包括学生姓名和成绩，并按成绩由低到高的顺序排列，下列语句正确的是________。

A. SELECT 学生.姓名,成绩.成绩 FROM 学生,成绩;
　WHERE 学生.学号=成绩.学号;
　AND 课程.课程名称 = '高等数学';
　ORDER BY 成绩.成绩 ASC

B. SELECT 学生.姓名,成绩.成绩 FROM 课程,成绩;
　WHERE AND 课程.课程编号=成绩.课程编号;
　AND 课程.课程名称 = '高等数学';
　ORDER BY 成绩.成绩 ASC

C. SELECT 学生. 姓名,成绩. 成绩 FROM 学生,课程,成绩;
WHERE 学生. 学号=成绩. 学号;
AND 课程. 课程编号=成绩. 课程编号;
AND 课程. 课程名称 = '高等数学';
GROUP BY 成绩. 成绩 ASC

D. SELECT 学生. 姓名,成绩. 成绩 FROM 学生,课程,成绩;
WHERE 学生. 学号=成绩. 学号;
AND 课程. 课程编号=成绩. 课程编号;
AND 课程. 课程名称 = '高等数学';
ORDER BY 成绩. 成绩 ASC

29. 有关数据输入输出的 3 个命令中,不需要以 Enter 键表示输入结束的命令是________。
A. INPUT　　B. WAIT　　C. ACCEPT　　D. 以上均不需要

30. 执行如下程序,则最后 s 的显示值为________。

```
SET TALK OFF
s=0
i=5
x=11
DO WHILE s<=x
  s=s+i
  i=i+1
ENDDO
? s
SET TALK ON
```

A. 5　　B. 11　　C. 18　　D. 26

31. 下列有关 SCAN 循环结构的描述中,叙述正确的是________。
A. SCAN 循环结构中的 EXIT 语句,可将程序流程直接指向循环开始语句 SCAN,重新开始循环
B. SCAN 循环结构中,SCAN 和 ENDSCAN 必须成对使用,不可单独使用
C. SCAN 循环结构的循环体中必须写有 SKIP 语句
D. SCAN 循环结构中,如果 SCAN 后面没有指定范围、FOR 条件或 WHILE 条件子句,则直接退出循环

32. 执行命令“DIMENSION myArray(5)”后,myArray (2)的值为________。
A. 0　　B. 5　　C. .T.　　D. .F.

33. 执行命令“MyForm=CreateObject("Form")”可以建立一个表单,为了让该表单在屏幕上显示,应该执行命令________。
A. MyForm. List　　B. MyForm. Display
C. MyForm. Show　　D. MyForm. ShowForm

34. 下面对表单若干常用事件的描述中,正确的是________。
A. 释放表单时,UnLoad 事件在 Destroy 事件之前触发

B. 运行表单时，Init 事件在 Load 事件之前触发

C. 单击表单的标题栏将触发表单的 Click 事件

D. 单击命令按钮将触发命令按钮的 Click 事件

35. 在表单中的复选框控件的属性中，用于表示当前选中状态的属性是________。

A. Selected　　B. Caption　　C. Value　　D. Enabled

36. 要使表单的标题变为"档案管理"，应设置命令按钮 Command1 的 Click 事件为________。

A. ThisForm. Command1. Caption="档案管理"

B. Caption="档案管理"

C. ThisForm. Caption="档案管理"

D. This. Caption="档案管理"

37. 在选项按钮组控件设计中，选项按钮组控件的 ButtonCount 属性用于________。

A. 指定选项按钮组中有几个选项按钮被选中

B. 指定有几个数据源与选项按钮组建立联系

C. 指定选项按钮组中选项按钮的数目

D. 指定存取选项按钮组中每个选项按钮的数组

38. 有关控件对象的 Click 事件的正确叙述是________。

A. 用鼠标双击对象时引发　　B. 用鼠标单击对象时引发

C. 用鼠标右键单击对象时引发　　D. 用鼠标右键双击对象时引发

39. 使用 Visual FoxPro 的菜单设计器时，选中菜单项之后，如果要设计它的子菜单，应在"结果"下拉列表框中选择________。

A. 命令　　B. 填充名称　　C. 子菜单　　D. 过程

40. 为了在报表中插入一个文字说明，应该插入的控件是________。

A. 标签控件　　B. 域控件　　C. OLE 对象　　D. 圆角矩形

二、填空题(每题 2 分，共 20 分)

1. 表达式"STUFF("GOODBOY",5,3,"GIRL")"的运算结果是________。

2. 在 Visual FoxPro 中，建立索引的作用之一是提高________速度。

3. 在 Visual FoxPro 中通过建立主索引或候选索引来实现________完整性约束。

4. 已知一个表文件名为"xyz. dbf"，建立结构复合索引后，索引文件名为________。

5. 在 Visual FoxPro 中，参照完整性规则包括更新规则、删除规则和________规则。

6. 在 Visual FoxPro 中，选择一个没有使用的、编号最小的工作区的命令是________(关键字必须拼写完整)。

7. 将学生表"STUDENT"中的学生年龄(字段名是"AGE")增加 1 岁，应该使用的 SQL 命令是"UPDATE STUDENT ________"。

8. 在 Visual FoxPro 中，运行当前文件夹下的表单 T1. scx 的命令是________。

9. 用来指定显示在复选框旁的文字的属性是________。

10. 设有学生选课表 SC(学号，课程号，成绩)，SQL 中用于检索每门课程的课程号及平均分的语句是"SELECT 课程号，AVG (成绩) AS 平均分 FROM SC ________"(关键字必须拼写完整)。

综合测试题(3)

一、选择题(每题 2 分,共 80 分)

1. 对数据库进行管理的核心软件是________。

A. 数据库　　B. 数据库系统

C. 数据库管理系统　　D. 数据库应用系统

2. Visual FoxPro 中的一条记录对应于关系中的________。

A. 元组　　B. 属性　　C. 关系　　D. 关键字

3. 关系运算中选择某些列形成新的关系的运算是________。

A. 选择运算　　B. 投影运算　　C. 交运算　　D. 除运算

4. 在 Visual FoxPro 中,表单文件的扩展名是________。

A. dbf　　B. scx　　C. vcx　　D. dbc

5. 下列表达式中不符合 Visual FoxPro 6.0 语法要求的是________。

A. 5Y>15　　B. L+1　　C. 2345　　D. 07/27/12

6. 在 Visual FoxPro 中,有如下内存变量赋值语句。

```
X={^2010-08-08 10:15:20 AM}
Y=.Y.
Z="123.24"
```

执行上述赋值语句之后,内存变量 X,Y 和 Z 的数据类型分别是________。

A. D,L,C　　B. T,L,C　　C. D,C,N　　D. T,C,N

7. 如果 x 是一个正实数,对 x 的第 3 位小数四舍五入的表达式为________。

A. 0.01 * INT(x+0.005)　　B. 0.01 * INT(100 * (x+0.005))

C. 0.01 * INT(100 * (x+0.05))　　D. 0.01 * INT(x+0.05)

8. 以下表达式中返回值是“56”的是________。

A. INT(55.12)　　B. CEILING(55.12)

C. FLOOR(55.12)　　D. ROUND(55.12, 0)

9. 计算结果不是字符串“Student”的语句是________。

A. left("Student ",7)　　B. substr("MyStudent ",3,7)

C. right("MyStudent ",7)　　D. at("MyStudent ",3,7)

10. “MODIFY STRUCTURE”命令的功能是________。

A. 修改记录值　　B. 修改表结构

C. 修改数据库结构　　D. 修改数据库或表结构

11. 在 Visual FoxPro 的字段类型中,日期型字段占________字节。

A. 1 个　　B. 2 个　　C. 4 个　　D. 8 个

12. 在下列 Visual FoxPro 表达式中,其运算结果为逻辑真的是________。

A. "abcd"== "Abcd"

B. "ab cd"== "abcd"

C. DTOC({^2015/9/13})=="09/13/2015"

D. "2842"=="2842"

13. 已知表中有字符型字段"职称"和"工龄",要建立一个索引,要求首先按工龄排序,工龄相同时再按职称排序,正确的命令是________。

A. INDEX ON 工龄+职称 TO sy_sep　　B. INDEX ON 工龄,职称 TO sy_sep

C. INDEX ON 职称+工龄 TO sy_sep　　D. INDEX ON 职称,工龄 TO sy_sep

14. 执行"SET EXACT OFF"命令后,在当前打开的表中,显示地址以"北京"开始的所有仓库,正确的命令是________。

A. LIST FOR 地址="北京 *"　　B. LIST FOR 地址="北京"

C. LIST FOR 地址="北京%"　　D. LIST WHERE 地址="北京"

15. 在 Visual FoxPro 中,下面关于索引的正确描述是________。

A. 当数据库表建立索引以后,表中的记录的物理顺序将被改变

B. 索引的数据将与表的数据存储在一个物理文件中

C. 建立索引是创建一个索引文件,该文件包含指向表记录的指针

D. 使用索引可以加快对表的更新操作

16. 有关 ZAP 命令的描述中,正确的是________。

A. ZAP 命令只能删除当前表的当前记录

B. ZAP 命令只能删除当前表的带有删除标记的记录

C. ZAP 命令能删除当前表的全部记录

D. ZAP 命令能删除表的结构和全部记录

17. 为当前表中所有教师的工资增加 1 000 元,可以使用的命令是________。

A. CHANGE 工资 WITH 工资+1000

B. REPLACE 工资 WITH 工资+1000

C. REPLACE ALL 工资 WITH 工资+1000

D. CHANGE ALL 工资 WITH 工资+1000

18. 在 Visual FoxPro 中,数据库表和自由表的字段名可允许的最大字符数分别是________。

A. 10,10　　B. 10,128　　C. 128,10　　D. 256,128

19. 如要设定学生成绩的有效性规则在 80 至 90 分之间,当输入的数值不在此范围内时,则给出错误信息,我们必须定义________。

A. 参照完整性　　B. 实体完整性　　C. 域完整性　　D. 表完整性

20. 关于视图和查询,以下叙述正确的是________。

A. 视图和查询都只能在数据库中建立　　B. 视图和查询都不能在数据库中建立

C. 视图只能在数据库中建立　　D. 查询只能在数据库外建立

21. 结构化查询语言中的 SELECT 语句是________。

A. 切换数据库语句　　B. 数据查询语句

C. 数据修改语句　　　　　　　　　　D. 数据定义语句

22. SQL 中的 INSERT 命令可以完成的功能是________。

A. 建立表　　　　　　　　　　　　B. 修改表

C. 向表中插入记录　　　　　　　　D. 修改表中某些列的内容

23. 在“stock”表中增加一个新字段“交易量”，字段类型为“数值型”，宽度为“8”，应使用 SQL 命令________。

A. ALTER stock ALTER 交易量 N(8)

B. ALTER TABLE stock 交易量 N(8)

C. ALTER TABLE stock ADD 交易量 N(8)

D. ALTER TABLE stock 交易量 WTIH N(8)

24. 删除视图 myview 的命令是________。

A. DELETE myview VIEW　　　　　　B. DELETE myview

C. DROP myview VIEW　　　　　　　D. DROP VIEW myview

25. 已知“职工”表的结构为：职工(职工号 C(5)，仓库号 C(2)，工资 N(8,2))。将仓库号为“A4”的职工的工资改为 2 000.00，正确的命令是________。

A. UPDATE 职工表 SET 工资 WITH 2000.00 WHERE 仓库号="A4"

B. UPDATE 职工表 SET 工资=2000.00 WHERE 仓库号="A4"

C. UPDATE FROM 职工表 SET 工资 WITH 2000.00 WHERE 仓库号="A4"

D. UPDATE FROM 职工表 SET 工资=2000.00 WHERE 仓库号="A4"

26. 下列关于 HAVING 子句的叙述中，正确的是________。

A. 使用 HAVING 子句的同时必须使用 GROUP BY 子句，二者位置前后没有限制

B. 使用 HAVING 子句的同时可以使用 WHERE 子句

C. 使用 HAVING 子句的同时一定不使用 WHERE 子句

D. 使用 HAVING 子句的同时一定使用 WHERE 子句

27. 已知“工资”表的结构为：工资(职工号 C(10)，部门号 C(8)，姓名 C(8)，性别 C(2)，出生日期 D(8))，查询基本工资在 1 000～2 000 元(含)之间的职工的职工号和基本工资，正确的 SQL 命令是________。

A. SELECT 职工号，基本工资 FROM 工资
　WHERE 基本工资 BETWEEN 1000 AND 2000

B. SELECT 职工号，基本工资 FROM 工资
　WHERE 基本工资>=1000 OR 基本工资<=2000

C. SELECT 职工号，基本工资 FROM 工资
　WHERE 基本工资>=1000 OR <=2000

D. SELECT 职工号，基本工资 FROM 工资
　WHERE 基本工资 >=1000 AND <=2000

28. 有如下 3 个数据库表。

学生(学号 C(8)，姓名 C(8)，性别 C(2)，班级 C(8))

课程(课程编号 C(8)，课程名称 C(20))

成绩(学号 C(8)，课程编号 C(8)，成绩 N(5,1))

查询每门课程的最高分,要求得到的信息包括课程名和最高分,正确的命令是________。

A. SELECT 课程.课程名称, MAX(成绩)AS 最高分 FROM 成绩,课程;
 WHERE 成绩.课程编号 = 课程.课程编号;
 GROUP BY 课程.课程编号

B. SELECT 课程.课程名称, MAX(成绩)AS 最高分 FROM 成绩,课程;
 WHERE 成绩.课程编号 = 课程.课程编号;
 GROUP BY 课程编号

C. SELECT 课程.课程名称, MIN(成绩)AS 最高分 FROM 成绩,课程;
 WHERE 成绩.课程编号 = 课程.课程编号;
 GROUP BY 课程.课程编号

D. SELECT 课程.课程名称, MIN(成绩)AS 最高分 FROM 成绩,课程;
 WHERE 成绩.课程编号 = 课程.课程编号;
 GROUP BY 课程编号

29. 要执行程序 NAME.prg,应该使用的命令是________。

A. DO PRG NAME.prg　　B. DO NAME.prg
C. DO CMD NAME.prg　　D. DO FORM NAME.prg

30. 如果在命令窗口中执行命令"LIST",主窗口中显示:

记录号	学号	姓名	性别	分数
1	B06130201	王一	女	95
2	B06130202	杨二	男	53
3	B06130203	张三	男	74
4	B06110134	李四	女	69

假定学号字段为字符型,宽度为9,性别字段为字符型,宽度为2,那么下面程序段的输出结果是________。

```
INDEX ON 性别-RIGHT(学号,2) TAG abc
GO TOP
DO CASE
  CASE 分数>=90
    DJ="优秀"
  CASE 分数<90 AND 分数>=60
    DJ="合格"
  CASE 分数<60
    DJ="不合格"
ENDCASE
?? ALLTRIM(姓名) -DJ
```

A. 王一优秀　　B. 杨二不合格　　C. 张三合格　　D. 李四合格

31. 下列程序实现的功能是________。

```
USE 奖牌表
DO WHILE NOT EOF()
```

```
    IF 奖牌数>=10
      SKIP
      LOOP
    ENDIF
    DISPLAY
    SKIP
  ENDDO
  USE
```

A. 显示所有奖牌数多于或等于 10 的记录

B. 显示所有奖牌数少于 10 的记录

C. 显示第一条奖牌数多于或等于 10 的记录

D. 显示第一条奖牌数少于 10 的记录

32. 在 Visual FoxPro 中说明数组后,数组元素的初值是________。

A. 整数　　B. 不定值　　C. 逻辑真　　D. 逻辑假

33. 设有一个表单 Form1,若要修改该表单,正确的命令是________。

A. MODIFY COMMAND Form1　　B. MODIFY FORM Form1

C. DO Form1　　D. EDIT Form1

34. 不可以作为文本框控件的数据来源的是________。

A. 日期型字段　　B. 备注型字段　　C. 数值型字段　　D. 内存变量

35. 页框控件也称作选项卡控件,用于指明一个页框对象所包含的页对象的数量的属性是________。

A. Tabs　　B. PageCount　　C. ActivePage　　D. Pages

36. 表单里有一个选项按钮组,包含两个选项按钮 Option1 和 Option2。假设 Option2 没有设置 Click 事件代码,而 Option1 和选项按钮组及表单都设置了 Click 事件代码,那么当表单运行时,如果用户单击 Option2,系统将________。

A. 执行表单的 Click 事件代码　　B. 执行选项按钮组的 Click 事件代码

C. 执行 Option1 的 Click 事件代码　　D. 不会有反应

37. 在对象的相对引用中,要引用当前操作的对象,可以使用的关键字是________。

A. Parent　　B. ThisForm　　C. ThisFormSet　　D. This

38. 对于任何子类或者对象,一定具有的属性是________。

A. Caption　　B. BaseClass　　C. FontSize　　D. Value

39. 连编应用程序不能生成的文件是________。

A. .app 文件　　B. .exe 文件　　C. .dll 文件　　D. .prg 文件

40. 在 Visual FoxPro 中,预览报表的命令是________。

A. PREVIEW REPORT　　B. REPORT FORM…PREVIEW

C. DO REPORT…PREVIEW　　D. RUN REPORT…PREVIEW

二、填空题(每题 2 分,共 20 分)

1. 在 Visual FoxPro 中,"CREATE DATABASE"命令将创建一个扩展名为________的数据库。

2. 表达式“LEFT("123456789",LEN("数据库"))”的计算结果是________。

3. 要同时给 x,y,z 3个变量赋值3,赋值语句应为________。

4. 同一个表的多个索引可以创建在一个索引文件中,索引文件的主文件名与相关的表相同,这种索引称为________索引。

5. Visual FoxPro 每个工作区中最多能打开________个表。

6. Visual FoxPro 查询文件实质是 SQL 中的________语句。

7. 视图是一个虚拟表,只能存放在________中。

8. 要隐藏一个文本框,应该将该文本框的________属性设置为“Enabled”。

9. 已知“学院.dbf”的表结构为:学院(系号 C(2),系名 C(10)),使用 SQL 命令将一条新的记录插入“学院”表,命令为“INSERT ________("04" ,"计算机")”。

10. 已知“图书.dbf”的表结构为:图书(总编号 C(6),分类号 C(8),书名 C(16),作者 C(6),出版单位 C(20),单价 N(6,2)),如果要在藏书中查询各个出版社图书的平均单价和册数,SQL 命令应为

```
SELECT 出版单位,____________________;
FROM 图书;
GROUP BY 出版单位
```

第4部分　参 考 答 案

习题集参考答案

习题1

一、选择题

1.D	2.B	3.C	4.A	5.D
6.B	7.A	8.C	9.A	10.D
11.D	12.A	13.A	14.C	15.C
16.C	17.C	18.B	19.C	20.D
21.D	22.A	23.A	24.D	25.C
26.B	27.A	28.C	29.C	30.D
31.D	32.B	33.D	34.C	35.D

二、填空题

1.面向对象

2.事物之间的联系

3.字段有效性规则或域约束规则

4.关键字

5.二维表

6.数据库管理系统

7.CLEAR

8.属性

9.元组

10.二维表,实体与实体之间的联系

11.选择,投影,连接

12.RESTORE FROM RM

13.逻辑型,.F.

14.模式,外模式,内模式

15.对象的链接与嵌入,fpt

16..F.

17.SET CENTURY ON

18.201520.15

19..F.

20.1234.57,7

21.123456

22.6

23. 109.8760

24. .T.,.F.,.T.,ABCD,.T.

三、判断题

1. ×	2. √	3. ×	4. √	5. ×
6. ×				

习题 2

一、选择题

1. A	2. C	3. B	4. B	5. A
6. D	7. D	8. B	9. C	10. A
11. C	12. C	13. A	14. B	15. B
16. C	17. B	18. D	19. B	20. C
21. C	22. C	23. D	24. C	25. D
26. D	27. B	28. D	29. B	30. B
31. D	32. B	33. A	34. C	35. D
36. C	37. B	38. B	39. C	40. A
41. D	42. D	43. B	44. C	

二、填空题

1. SELECT 0

2. cdx,结构复合索引

3. 结构复合索引

4. 删除逻辑

5. 字段名、类型和宽度

6. 空白

7. ZAP

8. DELETE FOR SUBSTR(图书编号,1,1)="A"

9. 通用型

10. TO B

11. 逻辑值“真”或逻辑值“假”

12. LIST NEXT 6

13. 绝对定位,相对定位,GO BOTTOM,SKIP -7

14. SEEK "清华大学出版社",SKIP

15. UNIQUE

16. SET ORDER TO KCHB

17. COUNT TO X FOR 职称="副教授"

18. TOTAL ON 出版社 TO tshuzh.dbf FIEL 总数,借出数

19. APPEN BLANK,X

20. 赵伟 27

21. 王码,550
22. 合格否 WITH .T.,合格否
23. DELETED,ON
24. 学号,INTO A,ADDITIVE

三、判断题

1. √	2. √	3. ×	4. √	5. √

习题 3

一、选择题

1. C	2. B	3. B	4. D	5. C
6. D	7. A	8. C	9. B	10. C
11. B	12. B	13. D	14. B	15. A
16. C	17. C	18. C		

二、填空题

1. dbc,dbf
2. OPEN DATA 学习,MODIFY
3. 数据库表
4. 临时
5. 永久
6. 主关键字或主索引
7. 数据库
8. 主
9. 同一个数据库中的两个表
10. 主,普通
11. 实体
12. 更新,插入,删除
13. 插入(INSERT),更新(UPDATE),删除(DELETE)
14. 2

三、判断题

1. √	2. √	3. ×	4. ×	5. √
6. √	7. √	8. ×	9. ×	10. ×

习题 4

一、选择题

1. B	2. B	3. A	4. D	5. D
6. D	7. B	8. C	9. B	10. D
11. D	12. C	13. A	14. B	15. C

16. A	17. C	18. B	19. D	20. A
21. B	22. A	23. D	24. A	25. A

二、填空题

1. 自由表
2. 远程视图
3. 连接条件
4. 排序
5. 查询条件
6. 发送 SQL 更新
7. qpr
8. 源表(基表)
9. 打开
10. 1

三、判断题

1. ×	2. ×	3. √	4. ×	5. √
6. ×	7. √	8. √	9. ×	10. ×

习题 5

一、选择题

1. B	2. D	3. C	4. C	5. D
6. D	7. D	8. B	9. C	10. D
11. C	12. (1)C (2)B (3)C		13. (1)A (2)A	14. B
15. D	16. A	17. C	18. D	19. D
20. D				

二、填空题

1. SUM,AVG
2. 降序,升序
3. INTO DBF 或 INTO TABLE
4. (1)GROUP BY 课程号 (2)NOT EXISTS
5. INTO CURSOR
6. ORDER BY
7. DELETE
8. COLUMN
9. DROP COLUMN
10. SET
11. DROP CHECK
12. FROM

13. FROM ARRAY
14. PRIMARY KEY
15. DROP

三、判断题

1. ×	2. ×	3. √	4. √	5. √
6. √	7. ×	8. ×	9. ×	10. √

习题 6

一、选择题

1. D	2. B	3. A	4. B	5. C
6. A	7. B	8. C	9. B	10. B
11. B	12. D	13. B	14. B	15. C
16. A	17. B	18. B	19. B	20. B
21. C	22. C	23. B	24. C	25. C

二、填空题

1. prg
2. MODIFY COMMAND A. prg
3. INPUT
4. 顺序,选择,循环
5. RETURN
6. QUIT
7. 1
8. 0
9. 0
10. END SCAN
11. 5
12. 13
13. 6　11
14. (1)M=1　(2)INPUT　(3)DELETE
15. (1)X<=100　(2)S=S+X*X　(3)X=X+1
16. (1)NOT EOF()　(2)MAX=入学成绩　(3)SKIP

三、判断题

1. √	2. ×	3. ×	4. ×	5. √
6. √	7. ×	8. √	9. ×	10. ×

习题 7

一、选择题

1. D	2. D	3. B	4. D	5. D

6. B　　7. A　　8. D　　9. B　　10. B
11. B　　12. D　　13. C　　14. B　　15. A
16. D　　17. D　　18. B　　19. C　　20. D

二、填空题

1. 可视化
2. 属性
3. 对象
4. 多
5. ThisForm. Refresh
6. Release
7. RecordSource
8. ColumnCount
9. scx、sct
10. Do Form T1 或 Do Form T1. scx
11. 前
12. Click
13. Value
14. 无
15. 可见的，不可见的
16. Visible
17. Selected
18. Init
19. 容器
20. 未被选中，被选中

三、判断题

1. ×　　2. ×　　3. √　　4. √　　5. ×
6. √　　7. ×　　8. √　　9. ×　　10. √

习题 8

一、选择题

1. D　　2. A　　3. D　　4. B　　5. B
6. C　　7. A　　8. B　　9. C　　10. A
11. D　　12. A　　13. C　　14. B　　15. A

二、填空题

1. SYSMENU
2. \-
3. \<

4. 菜单
5. 条形菜单,弹出式菜单

三、判断题

1. √　　2. √　　3. ×　　4. ×　　5. √

习题 9

一、选择题

1. D　　2. C　　3. B　　4. B　　5. B
6. A　　7. A

二、填空题

1. 选择报表样式,定义报表布局,排序记录
2. 选择标签类型,排序记录
3. 标签
4. 域
5. 排序
6. 预览窗口
7. 字段
8. 组标头,组注脚
9. 图片,通用型字段
10. 报表,标题/总结

三、判断题

1. ×　　2. √　　3. √　　4. ×　　5. √
6. √　　7. ×　　8. √

习题 10

一、选择题

1. A　　2. B　　3. D　　4. C　　5. D
6. D　　7. D　　8. C　　9. A　　10. C

二、填空题

1. pjx
2. MODIFY
3. 代码
4. 数据
5. 文档

三、判断题

1. ×　　2. √　　3. ×　　4. √　　5. √

综合测试题参考答案

综合测试题(1)

一、选择题

1. D	2. B	3. D	4. B	5. C
6. D	7. C	8. B	9. C	10. D
11. D	12. A	13. C	14. A	15. B
16. B	17. D	18. B	19. B	20. C
21. D	22. C	23. A	24. D	25. B
26. B	27. B	28. D	29. B	30. C
31. A	32. D	33. C	34. D	35. B
36. C	37. D	38. B	39. C	40. C

二、填空题

1. 记录
2. pjx
3. 17
4. 当前
5. 主
6. 0
7. 对象
8. Caption
9. ThisForm. Release
10. 出版单位="高等教育出版社" OR 出版单位="科学出版社"

综合测试题(2)

一、选择题

1. C	2. C	3. C	4. C	5. C
6. C	7. C	8. B	9. C	10. D
11. D	12. B	13. D	14. D	15. D
16. B	17. C	18. C	19. B	20. D
21. B	22. D	23. A	24. B	25. C
26. A	27. A	28. D	29. B	30. C
31. B	32. D	33. C	34. D	35. C

36. C	37. C	38. B	39. C	40. A

二、填空题

1. GOODGIRL
2. 查询
3. 实体
4. xyz. cdx
5. 插入
6. SELECT 0
7. SET AGE＝AGE＋10
8. DO FORM T1
9. CAPTION
10. GROUP BY 课程号

综合测试题(3)

一、选择题

1. C	2. A	3. B	4. B	5. A
6. B	7. B	8. B	9. D	10. B
11. D	12. D	13. A	14. B	15. C
16. C	17. C	18. C	19. C	20. C
21. B	22. C	23. C	24. D	25. B
26. B	27. A	28. A	29. B	30. B
31. B	32. D	33. B	34. B	35. B
36. B	37. D	38. B	39. D	40. B

二、填空题

1. dbc
2. 123456
3. STORE 3 TO x,y,z
4. 结构复合
5. 1
6. SELECT
7. 数据库
8. Visible
9. INTO 学院(系号,系名)VALUES
10. AVG(单价)AS 平均单价, COUNT(*)AS 册数

参 考 文 献

[1] 马秀峰,崔洪芳. Visual FoxPro 实用教程与上机指导. 北京:北京大学出版社,2007.
[2] 周红,王民. Visual FoxPro 程序设计学习与实验指导. 北京:清华大学出版社,2010.
[3] 梁庆龙,张艳珍,喻敏. Visual FoxPro 习题 · 实验 · 案例. 成都:西南财经大学出版社,2010.
[4] 计算机职业教育联盟. Visual FoxPro 程序设计教程与上机指导. 北京:清华大学出版社,2005.
[5] 陈翠娥,李赛娟. Visual FoxPro 实验指导教程. 北京:中国水利水电出版社,2004.
[6] 伍俊良. Visual FoxPro 课程设计与系统开发案例. 北京:清华大学出版社,2004.
[7] 三人行科技. Visual FoxPro 数据库管理专家百例课堂. 北京:机械工业出版社,2004.
[8] 刘卫国. Visual FoxPro 程序设计教程. 3 版. 北京:北京邮电大学出版社,2008.
[9] 李雁翎. Visual FoxPro 应用基础与面向对象程序设计教程. 3 版. 北京:高等教育出版社,2008.
[10] 上海市计算机应用能力考核办公室. 计算机应用教程 Visual FoxPro:初级. 上海:上海交通大学出版社,2005.